此生为何而来

周虹 著

北方文艺出版社
·哈尔滨·

图书在版编目（CIP）数据

此生为何而来/周虹著. -- 哈尔滨：北方文艺出版社，2024.2
ISBN 978-7-5317-6082-5

Ⅰ.①此… Ⅱ.①周… Ⅲ.①成功心理–通俗读物 Ⅳ.①B848.4-49

中国国家版本馆CIP数据核字(2023)第237424号

此 生 为 何 而 来
CISHENG WEIHE ERLAI

作　　者 / 周　虹	
责任编辑 / 滕　蕾	装帧设计 / 树上微出版
出版发行 / 北方文艺出版社	邮　编 / 150008
发行电话 / (0451) 86825533	经　销 / 新华书店
地　　址 / 哈尔滨市南岗区宣庆小区1号楼	网　址 / www.bfwy.com
印　　刷 / 湖北金港彩印有限公司	开　本 / 880×1230　1/32
字　　数 / 127千	印　张 / 10.625
版　　次 / 2024年2月第1版	印　次 / 2024年2月第1次印刷
书　　号 / ISBN 978-7-5317-6082-5	定　价 / 59.00元

序 言

从胎儿到儿童,到少年,再到成人,我经历了跌宕起伏的人生,几次生死沉沦,痛不欲生。从 9 岁开始思考"人生的意义",无数次地追问自己"人为什么活着?",这个人生大命题一度困扰了我很多年,直至我开始研究心理学——身体和心灵的深度学习。通过不断助人走出自己生命中的绝望和阴霾,我才一点点地意识到自己的天赋使命,才找回内心的力量。

我深深体悟到,帮助别人就是对自己最大的救赎!

当每位内心痛苦的来访者找到我,就会向我一股脑地倾倒出他们积压在内心深处几十年的重大心理创伤。我一边倾听一边与来访者共同经历他痛彻心扉的往事。听到的创伤故事越多,我的内心越柔软,也越敏锐。现在可以看人一眼就知道他大概什么性格,将会活出什么样的人生轨迹、内心是如何想的。说来看似很神奇,其实不神奇,这是一种强烈的感应力,只要用心我们可以感知万物。

当我遇见找我咨询和求助的人越多,听到他们向我诉说着他们此生甚至连父母或是配偶、闺密都未曾说过的话时,我心中不断升起一个微弱的声音。有很多人没有他们幸运,可以主动求助，并得到心理咨询师的帮助；还有很多人在内心的苦海中无法自拔。我要如何帮助他们，这个声音越来越强烈。直到按捺不住内心的愿望，开始没日没夜地写下来。内心强烈地感知出来访者的伤痛，这些伤痛激发我快速写完《此生为何而来》。

《此生为何而来》的宗旨是，在绝望人的心中，照进一束光，帮助他驱散心中的黑暗与恐惧！

希望更多人读到这本书，可以明白生命的可贵，活着就是一种幸福。希望抑郁的人读到《此生为何而来》，不再抑郁，开始重新活出自己喜欢的样子。更多的人从《此生为何而来》，获得源源不断的内心力量，帮助自己成为太阳、活成太阳，照亮家庭、家族，使社会充满爱和光。

我们就是爱，我们就是光，让我们一起活在爱和光里，活出生命觉醒、幸福绽放的美好人生！

同时感慨，谁痛苦谁学习，没有学习是因为还没有痛到绝望！

所以，**学习提升自己，是解决一切问题的核心！**
学习提升自己，是解决一切问题的核心！
学习提升自己，是解决一切问题的核心！

清单·notes

002	第一章	连接世界
030	第二章	感恩苦难
084	第三章	恋爱美好
122	第四章	继续美丽

162	第五章	需要关心
218	第六章	成功创企
256	尾　声	生命成长
268	致　谢	感恩遇见

清单·notes

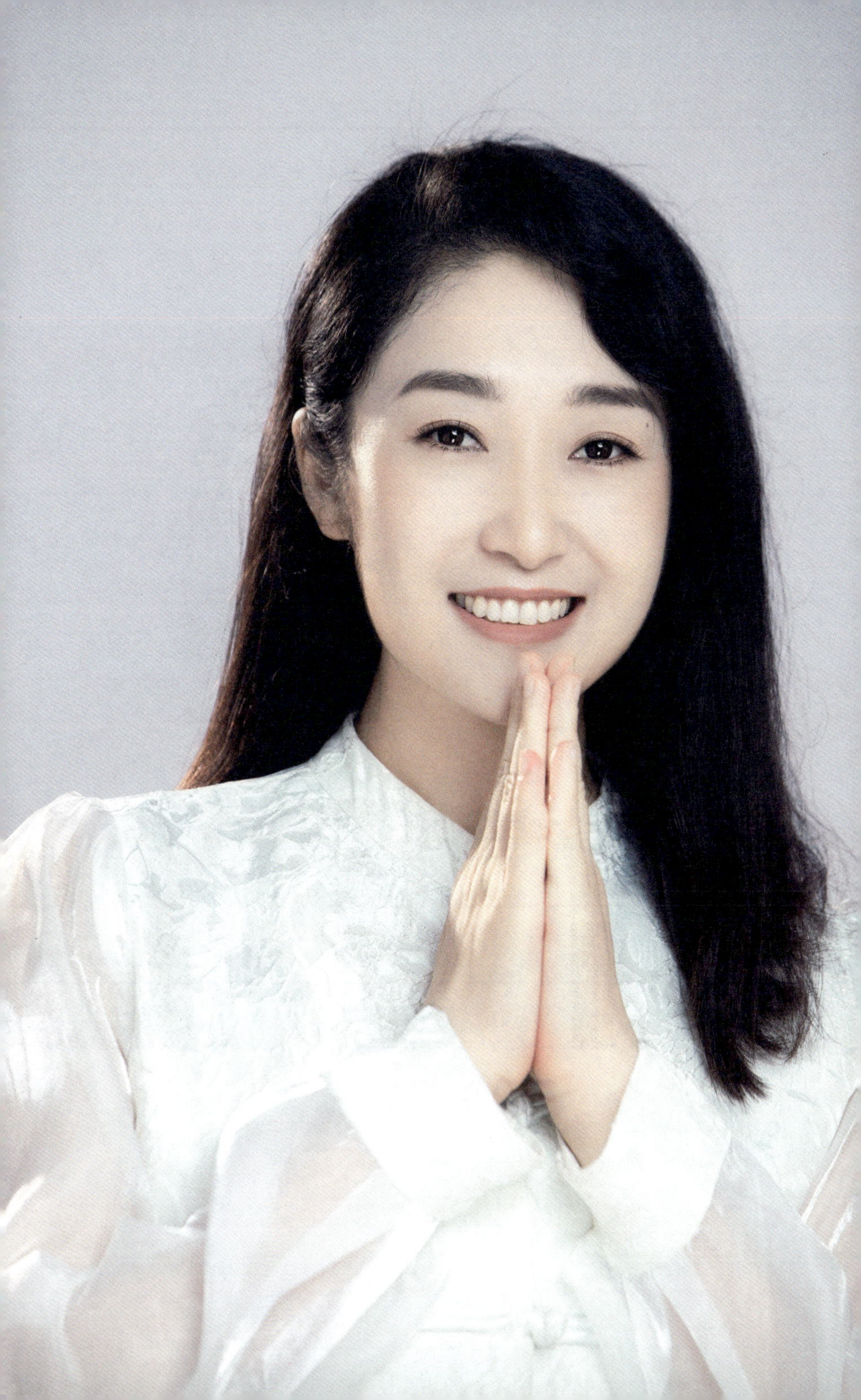

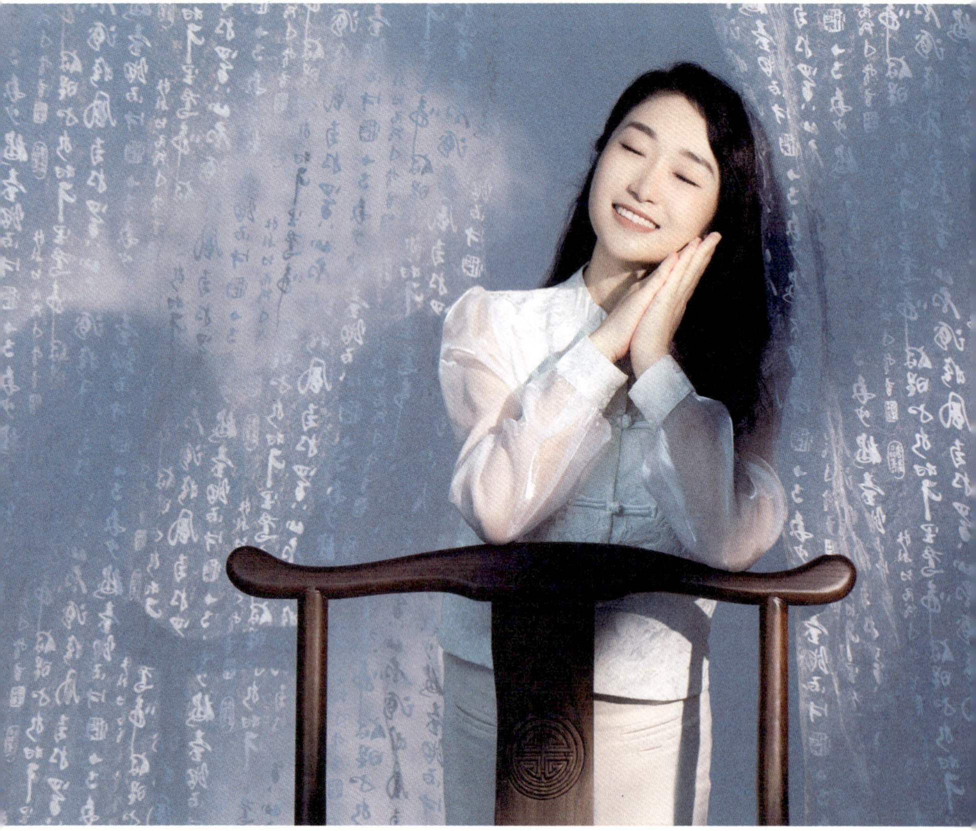

人生的目的是什么？

# 第一章
连接世界

让我与世界连接，开启全新的人生旅程

稻盛和夫先生是卓越的企业家、科学家、哲学家、思想家、慈善家，集五家为一身的觉者。季羡林老先生曾对稻盛和夫先生有很高的评价"根据我七八十年来的观察，既是企业家又是哲学家，一身而二任的人，简直如凤毛麟角，有之自稻盛和夫先生起"。他是京瓷公司、KDDI两家世界500强的创始人，同时拯救了日本航空公司，创建了世界企业家的学习组织"盛和塾"，目前只留下了中国盛和塾。在这里非常感恩曹岫云老先生。曹岫云老师早期是稻盛先生的最棒的翻译。他翻译了很多稻盛和夫先生的书籍。其中，《活法》《干法》《六项精进》《心》等书籍深深影响着我。《活法》一书中，表达了人生的目的就是"走的时候，比来的时候灵魂更纯净一点点"。换句话说，就是"提高心性，磨炼灵魂"。人生的成功也好、失败也好，所有一切，归根到底，要看我们能不能提高自己的心性，让它变得更纯粹、更美好。换句话说，要看我们能不能把自己的"利他之心"发挥出来。

稻盛和夫先生说："心灵力量是一种可以从内部释放出的力量，它可以影响我们的思想、态度和行动，并能够改变我们的生活。"他主张人们应该注重培养自己的心灵力量，通过积极的思考方式和乐观的生活态度，来创造更加美好的未来。心灵力量是一种可以从内部释放出的力量，它能够影响人们的思想、态度和行动，更能够改变我们的生活。人与自然、人与人之间的"和谐共生"，只有当我们与自然和他人保持良好的和谐互动，才能真正感受到心灵力量的力量。他主张人们应该注重培养自己的心灵力量，通过积极的思考方式和乐观的生活态度，来创造更加美好的未来。只有通过自我反思和觉察来发掘并释放内在的能量，才能真正意识到自己的内在潜能和价值，并成为一个积极向上的人。

稻盛和夫的心灵力量哲学为人们提供了探索内心、实现自我目标、创造美好生活的宝贵指导和启示。通过自我察觉、尊重自然、信任他人、感恩生命，才能提升自己的心灵力量，为自己和他人带来积极的影响。即便稻盛和夫已经离开人世，但他的苦难哲学仍在影响着人们的生活和工作。在他看来，人生中的苦难只是短暂的经历，真正重要的是如何在其中找到自己的方向和意义。让我们从他的苦难哲学中汲取更多的启示和帮助。

美好的自己,从曾经到现在

我曾经也满目疮痍,痛苦过、挣扎过、怀疑过,那些扎根在我内心深处的点滴过往,久久纠缠我心底深处。已经不记得,多少个深夜里,默默无言地流着泪;不记得有多少个夜晚,我独自一人在漆黑的夜里,一遍又一遍地问,为什么我要经历这些磨难,为什么是我?

有人问,亲爱的,你到底经历了什么?

也有人说,亲爱的,可是如今的你看起来是这么美好?

还有人说,亲爱的,你是如何做到的,从精神的枷锁中、内心的桎梏中解脱与救赎的?

我坦然一笑、温柔以对,说:我给你讲一个故事吧。曾经有一个小女孩,可爱而活泼,她爱着她的爸爸、妈妈,也爱着她的朋友,她爱身边的一切,她觉得身边的一切都是美好而幸福的。可是有一天,她发现身边的这一切都并非她所认为的那般,曾经她以为爸爸与妈妈会永远陪着她,看着她长大,陪伴她成长,看着她小学毕业、中学毕业,陪伴她长大成人、结婚生子。可是美好的梦破碎了,爸爸与妈妈成了最熟悉的陌生人,她曾经以为的家散了，爸爸妈妈离婚了。她再也不能一家三口其乐融融，那美好的画面只能在她的梦中出现。可是每一次梦醒，她终于明白了大人口中所说的那句：梦都是反的。梦真的是反的，她的幸福也只能在梦中出现。

逐渐地，她长大了，却变得敏感，开朗与活泼渐行渐远。当她以为老天爷或许是听到了她的心声，给予了眷顾，她有了朋友、有了知己，那种知足的幸福感似乎又回来了。那种幸福感或许不如一家三口的美满幸福，可是对于女孩而言，却十分珍贵。她倍加珍惜、小心呵护。可是当谎言被无情捅破的那一刻，女孩感觉到了自己撕心裂肺的痛。她听到了自己心碎的声音，原来闺密情谊只是为了某种利益而结合的工具罢了。闺密，对她而言，除去谎言，剩下的便是岁月对她无情的嘲弄。

家庭的破碎、父母的分开、亲人的薄情、友谊的嘲弄、带给了女孩对人生无限的失望。

她望着黑夜中的星星，默默哭泣，她问：

我不好吗？为什么爸爸妈妈要离开我？

我不好吗？为什么闺蜜要这样对我？

我不好吗？为什么要将我带来这个世界上。

她哭：我好孤单，我好寂寞，我好冷……

她想倾诉，可是却无人可说，没有人陪她，没有人愿意听

第一章 连接世界

她说……

　　顷刻之间，低落的情绪占据了小女孩所有的思想，她觉得她或许就是多余的，或许她本就不该来到这个世界上。于是，她选择了对自己最残忍的方式结束自己的生命。

　　她吃了十几片药片，以为终于可以解脱了。可是第二天，小女孩如期而至地醒来，睁开眼的那一刻，她似乎懂了，又似乎不懂。她开始思考人活着的意义，那年她九岁。

　　便是从那时候开始，这个小女孩如同涅槃重生一般，开始改变思维，开始探寻生命的真谛，并在这条路上不断研究和探索，如何让自己的人生变得更具有生命的价值。

　　是的，这个小女孩就是曾经的我。为了这个信念，我走遍了千山万水，翻阅了无数的典籍，只为了寻找一个真正的答案。

　　在寻找人生真谛的旅途中，我也随着时光的流逝而成长。一步步地，当我越靠近真相的同时，我收获了喜悦。这种喜悦来自许多：我变得自信，不再自卑；我变得聪慧，不再害怕苦难的经历；我变得独立，可以独自抵挡风雨的侵袭。我变得更加热爱生命，因为我对我的人生有了规划、有了目标、有了理想，如同道法中所言道法自然，一生二二生三三生万物。顺其自然的坦然、黑白分明的智慧，是太极包含的真谛。

　　而让我的心灵得到洗涤的是我在耶路撒冷的那段旅程，这段旅程让我看到了人间的悲与喜，看到了世界的残酷同时又感受到了世界的美好。

2020年1月，当我经过叙利亚边境的时候，看到战乱之后的满目疮痍，曾经的城市变成一片废墟。

泥土中混合着鲜血的味道，战乱之后的烟火气息弥漫于整片天空，遮盖了碧蓝的天空，也掩埋了天空中温暖的阳光，徒留下那令人心痛的哭泣与呻吟。

可是无论世界经历了什么，每一个对于幸福的向往总是相同的。

耶路撒冷是一个很奇妙的存在，这里没有任何对信仰的限制，只要是追求美好、幸福、对未来充满期待的光，都会被接受。

在这里，不同肤色的人可以成为朋友，不同国度的人可以成为朋友，不同信仰的人也可以成为朋友、不分彼此，有的只是对美好未来的愿景。而正是这种愿景让人与人之间冲破了阻碍、相互地靠近，彼此信任与尊重。而也是这种力量相互地吸引、彼此地碰撞，成了心与心的沟通。

在耶路撒冷的旅途中，我住在一个酒店。这个酒店早晚时分，都会放一种柔美的音乐。那种音乐悠扬柔和，可以令人不由自主地变得平和、温柔、安静，你会不自觉地沉静。原本我以为只是我会如此，后来我意外地发现，原来不仅仅是我，而是我周围的人在音乐响起的时候，都会不由自主地被吸引、被柔化、被感染。每个人的脸上都会带着笑意、会变得安静、会慢慢地闭上双眼，或许在畅想，也或许什么也没有想。有人说音乐没有国界，而我却认为，与其说音乐没有国界，不如说对于美好的愿景是我们大家都追求的期许。而这种期许让不同国度、不同肤色、不同信仰的你、我、他的心彼此慢慢地靠近。

在耶路撒冷有一面哭墙，我曾经听闻只要去哭墙中的人都会不自主地哭泣流涕；我曾经疑惑哭墙真的有如此魔力，直到当我靠近那面哭墙的时候，我才真正地体会到了哭墙的魅力所在。

是一种心愿、是一种祈祷、也是一种缅怀，当你靠近那面哭墙，脑子中许多的过往会不自觉地呈现在眼前。当你触碰，你的心似乎就在那瞬间会激起千层浪，过往的点滴犹如滔滔不绝的江水涌入你的脑海记忆之中，哭泣、煎熬。那些深藏在内心深处的痛苦会在瞬间爆发，让你不再努力隐藏，而是不自觉地宣泄而出。当一切在泪水中洗涤，心变得清晰、心变得轻盈，留下的是一阵感叹或唏嘘，更多的是伤痕的洗涤竟奇迹般地愈合了。

哭墙，不仅仅是哭墙，还是一面对曾经过去追忆的结束、是对生与美好未来的祈愿，而这样的心让无数陌生的人都做着同样的事情、出现了同样的想法。

在这段旅途中，我领悟了许多。在我追寻人生真谛的意义中，无关乎宗教信仰、无关乎国度与肤色，追的是心与心的彼此靠近、寻的是自我的认知、解的是自我的救赎、造就的是自我的美好，而要做到这些，便不是一蹴而就可形成，需要足够的时间、拥有坚定不移的毅力，还有无限的勇气，勇敢去面对自己逃避的困难。这是一种蜕变——人生之路中的自我蜕变。

向光而生，用自我生命之光去点亮他人、影响他人，成为更好的自己，让我们的世界变得更加美好一点点，而这也是我在旅途中领悟的心灵之悟对于心之力最初的形成。

每次的睁眼，我总会感恩，感恩我生命的延续、感恩我还可以享受着生命中的一切。无论生命赋予我的是什么，是痛苦也好，是悲伤也罢，我都庆幸，因为唯有活着才能去体会生命的馈赠。或许有很多人会觉得痛苦与悲伤的经历，这又有何庆幸，可是没有经历痛苦与悲伤，也无法真正地体会幸福的珍贵，不是吗？珍惜当下，珍惜眼前人，不蹉跎岁月，时光流逝无情，人却有情。

抱怨，每个人或许都经历过，或许也正在经历着，因为生活不能总是一帆风顺，人也无法随时都顺心顺意。不知此时看书的你是否有过这样的一瞬间，明明我很努力，可是为什么我总是失败；明明我是对的，为什么他们都不认同我；明明我是好心，却总被误解？明明……可是为什么？我们似乎总是在给自己做一个问答题，却总得不到答案，而明明知道结果不如人意，我们却总是飞蛾扑火不惜一切去寻得那一个答案，最后将自己伤得遍体鳞伤。我们不断地对自己进行内心的消耗，消耗着我们的时间、消耗着我们的精力、消耗着我们无比珍贵的生命。为什么我们要如此自我煎熬，做着自我惩罚的事情，而事实上身体发肤受之父母，我们根本没有权利让我们的身体与精神受着伤害。相反的，我们需要保护好自己、照顾好自己，让自己活得幸福与阳光，可是越是如此简单的事情，我们却总被眼前的迷雾遮挡了我们的双眼，被混乱的思维蒙蔽了自我，我们深深地陷入困境而无法自拔。

　　还记得很久很久以前，我就是这样被困着，那一段经历曾经是我无法逃脱的囚笼，我因为这座坚固无比的囚笼，对生命失去了任何希望。直到很久很久之后，我才从囚笼中自我救赎，这条路漫长而艰难，幸运如我。我还活着，因为活着，所以为此而继续前行；因为前行，我因此而获得成功，拥有了一切的阳光与美好。

　　每个人都会有过往，都会有不愿忆起的人或事，它们就像一个伤口，若是将这些伤口一直在阴暗之处隐藏，它们只会慢慢地变得越加严重，糜烂而永远无法恢复。所以即使再深再痛的伤口，我们也需要将它在阳光之下晾晒，帮它消除内里的病菌，防止它溃烂而无法恢复，晒晒伤口、消消毒，这是一个痛苦却是非常有效的治疗伤口的方式。

而我就是用这种方式将我的伤口慢慢地治疗、恢复，这是一个煎熬的过程。疗愈中，你会陷入悲伤的情绪之中，你或许会濒临崩溃、会痛苦不堪、会痛不欲生，但是请相信只要坚持一些，再坚持一些，多一些，再多一些。我已经不记得多少次在梦中惊醒，夜里黑暗，空无一人，孤寂而冷漠。

我空洞的双眼望着前方，父母的声音犹如在耳。

妈妈说："红红，你一定要说想跟着妈妈，妈妈不能没有你，妈妈最爱的就是你。"

爸爸说："红红，爸爸才是世界上最爱你的人，你一定要跟爸爸在一起。"

那一年的我6岁，那年发生了很多事情，有些事情我记不清了，却记得他们眼里的急切，记得他们不断地在我的耳边说着对方不好的话。听着他们说的话，我心里很难受——难受得想哭。他们都是我最爱的人，可让我在最爱的人中间做选择，对于当时年仅6岁的我太过残忍。可是当时的父母便没有想到这些，或许是因为他们太生对方的气了吧，我想或许他们只是因为太生气了而没有顾及我的感受。

虽然我知道父母再也不能像我6岁那样时，牵着我的手去玩；虽然我知道爸爸妈妈要分开了，爸爸妈妈就只能成为爸爸、妈妈，他们不再合体，但是我心里还是有些许的幸福，因为父母在我面前说着对方不好的话，是为了让我选择他们，说明他们心里是爱我的，是舍不得我的。或许那时候的我不能明白爸爸妈妈为什么会分开，为什么不能和我生活在一起，但是只要他们还是爱我的，就足够了，而这是当时年幼的我心里唯一的幸福。

  我原以为是这样的，可是事实上便不是如此。他们口口声声说爱我，却掺杂了太多太多，对我的疼爱便不再纯粹——残酷的现实将我最后幸福的那盏灯熄灭了。6岁之后，我的生活就像是一条没有灯的夜路——夜太黑，我看不清前方有什么，前方是否坑坑洼洼，是否有积水。若是有坑洼，我跌进坑洼中，一身泥垢，我一人朝着前方慢慢地走；若是有积水，我不慎滑倒，满身湿漉，我只能一人默默前行。

  夜里，我望着月光，问月亮、问星星，他们既然不爱我，为什么要生下我？我是一个人——一个有血有泪有心的人，为什么他们可以为了金钱将我当成一个物品去争夺我的抚养权。我记不清当我知道这一切的时候是怎样的心情，我只记得从6岁之后，我从未快乐过。悲惨的童年让我陷入一种难以摆脱的焦虑和恐惧。

  煎熬的内心可以让人无法承受——想逃，可是当你逃不掉的时候，又该如何是好？是坚持还是选择放弃。

我还记得，渐渐地我长大了，也懂事了。身边的人和事，我也看得越来越明白了，可是长大了懂事了是一件无比残酷的事情。在父亲的家里生活，我无时无刻不在听着父亲的至亲对我母亲无情的谩骂；在我母亲的家里，我也无时无刻不在听着母亲的至亲对我父亲无情的羞辱。可不知为何最后所有的谩骂都变成了对我的羞辱与嫌弃。因为我长得像妈妈多些，这是父亲那边对我嫌弃的原因；因为我身上流着父亲的血液，这是母亲那边对我羞辱的根本。我不记得他们谩骂我的表情，因为很多的时候，我都是低着头、默不作声。可是他们尖酸刻薄的话语和高亢愤恨的语气，我从不曾忘记，不仅无法忘记，它们就像恶魔无休止地折磨着我，无时无刻不闯进我的耳朵里、梦里。我尝试过很多种方式希望将它们从我的脑海里驱逐，可是无论我怎么做都不曾成功。终于在一个夜里，我再也受不了了——我从未有错，我只不过是一个男人和一个女人的爱情结晶，爱情美好的时候，我就是这个男人和这个女人手掌心上的宝；当男人和女人的爱情不在，我就成了不受欢迎的垃圾——一个随时都可丢弃的垃圾。既然我是垃圾，我又何必留存于世，继续让自己受这样的折磨。我记不得用怎样的心情去迎接我告别这个世界的那一刻，我只记得当我吞下了那几十颗药的时候，我感到从未有过的轻松。我闭上眼睛，笑了，终于不要再这样受

第一章 连接世界 015

折磨了。我感觉到了一种别离的幸福,和那些痛苦过往告别的幸福,以为我从此就这样解脱了,以为我再也不会醒来了,这真是太好了……

可没有想到的是,命运似乎不愿让我就这样消失在世界上。即使我吃了几十颗药,第二天阳光初升我睁开双眼,熟悉的床、熟悉的桌子、熟悉的房间,我还记得当时我的第一反应是难道另外一个世界也长这样的吗?生前住着什么样的地方,死后也住着同样的地方吗?直到家人进来,我才恍然老天爷当真给我开了一个特别大的玩笑,吃了几十颗药的我竟然安然无恙地看到了第二天的阳光。我呆坐着,看着天花板,想不明白,为什么会是这样的结果。

我不经意的一眼,看到了桌上一本书,我没有想到我那随意的一眼、那随意的一个动作,改变了我的整个人生。书里的一句话让我有了继续活下去的勇气,那句话是这样说的:"在世间,我们要做上帝的光和盐。"9岁那年我心里装着书里的这句话,一直努力做着人群中的光和盐。

如今我终于明白了,为何命运如此安排,让我承受着无尽的痛苦过往;我更明白,我们身上所有经历的事情,无论是幸与不幸,它不是没有来由,也不是没有益处的。我们生命中所有的困难都是为我们开启未来的钥匙。这是一把可以打开所有困难的钥匙,只是钥匙的形成需要我们用心去铸造、一点一滴地去打造。一切都是最好的安排，而我们锻造钥匙就需要我们经历苦难，因为当我们突破苦难，就会得到自我的救赎。

人的一生会遇到不同的挫折，这就像一条布满荆棘的坑坑洼洼之路。有许多的人会选择放弃，因为它太艰难，很多人无法攻克无法突破，也有人会因此而失去了生命，停止了脚步，但只要我们选择坚持突破、不断前行，不断去铺平荆棘之路的坑洼，我们的人生就会变得更好。我们可以获得坚强的意志、精湛的心，还会有向前而行的动力，最后我们拥有圆满的人生。当我们再往回望之时，便是不枉此生的喜悦。

这条荆棘之路很长也很难，我们想要平安抵达成功的彼岸，需要不断地提升自我，从内在的自我修行到外在的自我提炼。我的过往带给我无尽的痛苦，我在那晚再见阳光之后，便是感悟了新生命的可贵，于是我努力地朝着前路前行。在前行之中，我义无反顾地选择坚持，即使面对再煎熬的苦难，也从未有过一丝轻生与放弃的念头。绝望一次就已足够，放弃一次就决不能再选择，于是我开始学习关于生命的课程。这几十年中，我前前后后学习了各种创业的商学院五六家，探寻和践行商业的底层逻辑，探寻人性，深度了解人性。在华东师范大学开启了我的第二个本科应用心理学，在中国人民大学开启了我的第二个研究生的专业课，学习哲学专业偏宗教方向，研究东西方人们的思想和智慧的精髓——哲学。

深度学习了性格色彩、教练技术高段、正面管教的家长讲师和学校讲师、积极父母、积极教育者的导师、神经语言程序学 NLP 高级执行师、催眠治疗高级执行师、时间线治疗高级执行师、幸福密码训练师、家庭教育幸福导师、高 EQ 智慧父母导师、美国深度倾听疗愈技术、交叉创新教练技术等课程。

曾经有朋友问我:"Marry,你是怎么想到学习生命修行课程的。"学习生命修行这个课程有一个故事,那是很早之前的事情。那时候的我已经大学毕业,但是因为小时候的经历让我对人对事都极为敏感,甚至是恐惧与人接近,也很难与人产生信任感,所以我的内心既敏感又脆弱。但这不是最可怕的,最可怕的是有些事情你很想忘记,但它就是挥之不去。当你看到某个情景、看到某件物品,那些你不想记起的过往就像洪水猛兽一样席卷而来,它困扰着你生活中的一切,让你寝食难安。

也因此我多年来的睡眠很浅,每当深夜入眠的时候,我是会梦到那些冰冷残酷的声音、那面目可憎的面孔。在梦里,他们无情的羞辱言语将我从睡梦中惊醒,之后我整夜整夜地睡不着。这件事让我承受了很大的痛苦,无论是工作上还是生活上,所以我一直走在治愈自己的路上,向很多名师求学,直到我认识了一位生命成长导师。

她很温柔,微笑时很美。看见她,我感到无比轻松。经过几次的交流之后,她帮助了我。她告诉我,如果我试着去接受童年的自己，或许就会让一切都变得不一样。起初我是不能理解的，甚至觉得这根本就是一件不可能的事情，过去的一切那么痛苦，我该如何去接受。

老师问我："你还记得小时候的你最想做成功的事情是什么吗？"

我回答："我想快快长大，离开那个家，拥有一个自己的家。"

老师又问我："你为什么想离开那个家？"

我回答："因为那个家让我痛苦。"

老师微笑："那是不是那个家变得不痛苦了，你就愿意接受了呢？"

我没有回答，只是点点头。

老师接着问："那你现在做到了吗？"

我点点头。

"那你现在感觉幸福吗？"

当老师问我现在感到幸福吗？我竟是一时无法回答。幸福似乎距离我太遥远，我似乎已经记不清幸福是什么滋味了。

老师握住了我的手："试着闭上眼睛。"

我听着老师的声音，跟着老师的节奏。

"试着打开你眼前的那扇门。"

我似乎真的看见了一扇门，并且打开了那扇门。

"你见到了一个 6 岁的孩子，她在哭——哭得很伤心，你愿意去拥抱她吗？"

在我的意识里，我真的看见了一个 6 岁的孩子，她哭得好伤心好伤心。我情不自禁地走到了那个女孩的跟前，紧紧地抱住了那个女孩。

"你看，她是 6 岁的你。"

潜意识的我听着老师的声音，仔细地看着女孩——熟悉稚嫩的脸。

"谢谢你，姐姐。"

耳边传来的声音令我陡然睁眼。

"谢谢你，Marry，你做得很好。"与"谢谢你，姐姐"一样的声音来自眼前的老师。老师继续说："相信自己，去拥抱每一个难过受伤的自己，你会成功的。"

后来，我跟着这位老师不断地学习，慢慢地进行了心灵上的自我疗愈与自我救赎。我记不清拥抱了曾经的自己多少次，慢慢地我对很多的人与事释然了，不再敏感与恐惧，我的心逐渐沉静。我愿意与人交流、愿意倾听，这都让我觉得生活无比美好。或许是因为对未知的探索求知，才让我不断地去学习与进步，而这也是承载着我学习的最强动力。

有朋友打趣道："Marry，你学习的课程如此之多，加在一起已经花了几百万，你拥有这么多的知识与心得为何不分享，你应该将你的心得体悟分享给更多需要帮助的人，那样你才是真正的学以致用。"起初,对这样的想法,我是淡然的,因为我觉得自己没有老师那样的能力,用自己的力量去帮助需要帮助的人,那是老师一直希望我成为的样子。直到有一次,我无意间帮助了身边的一个朋友,让她重获了新的人生,因为这一次的无意,带给我无比的喜悦。我似乎更明白了老师当时无私的赋能,那是帮助他人之后的幸福感——看到所帮助的人脸上露出幸福的笑容,胜过世间上所有的一切,而我也因此获得了心灵的解脱、获得了无数的友谊。也因为这些友谊,让我的人生变得更饱满、更富有。有时候人生就是这样,很多的时候,你不去追求名与利,但是当你所做的事情是能给他人赋能的,这些身外之物也就伴随而来。

我有一个习惯,每当帮助过一个朋友之后,我会给自己泡上一杯咖啡。因为我喜欢咖啡的味道——浓郁醇厚,苦苦的咖啡味就像人生的困难,可入口之后,却只觉得口感丝滑,留下浓香,这就是我们的人生。月有阴晴圆缺,乌云会遮盖明月,可是只是一时而已。我希望用我毕生所学帮助那些需要帮助的朋友,就像老师那般将我从痛苦的桎梏中救赎。我更希望我所帮助的人也可以如此传递,像太阳一样,用热忱传递彼此的真心、用爱抹去心中的伤。

生命是一场无声的旅程,

走过的路程虽然不长,却注定是美丽的景色,
如烟花绽放,短暂而又绚烂,
如樱花飞扬,落地时带着淡淡的伤感。
岁月无情,纷飞的尘埃遮盖了曾经的美丽,
可是,那些美好的瞬间依然存在,
它们融入我们的灵魂深处,
成为我们生命的意义和回忆。

生命的意义,或许只有在离别时才能明了。
我们在世间漂泊,时光匆匆,如梦一场。
岁月的河水,不停流淌,而我们却总是不能长留。
人生苦短,如何留下足迹,留下什么才是真正的意义。
或许是那份无私的爱,或许是那种安静的守候,
或许是那份淡淡的思念,或许是那份坚定的信仰。
在这个世界上,我们来去匆匆,留下的只是一串串回忆。
谁又能说清,生命的意义。
或许,就是那些瞬间的美好,
或许,就是那些笑容和眼泪混杂的回忆,
或许,就是我们留给这个世界的痕迹。

生命的真谛在哪里,

也许，这个问题只有时间才能给出答案，
或许，它永远是一个谜，
但是，我们依然要用心去感受，我们都应该珍惜，
珍惜每一个瞬间、每一个回忆。
只有这样，才能在时间的长河里，
留下属于自己的价值和光芒。

提高心性，磨砺灵魂

清单·notes

清单·notes

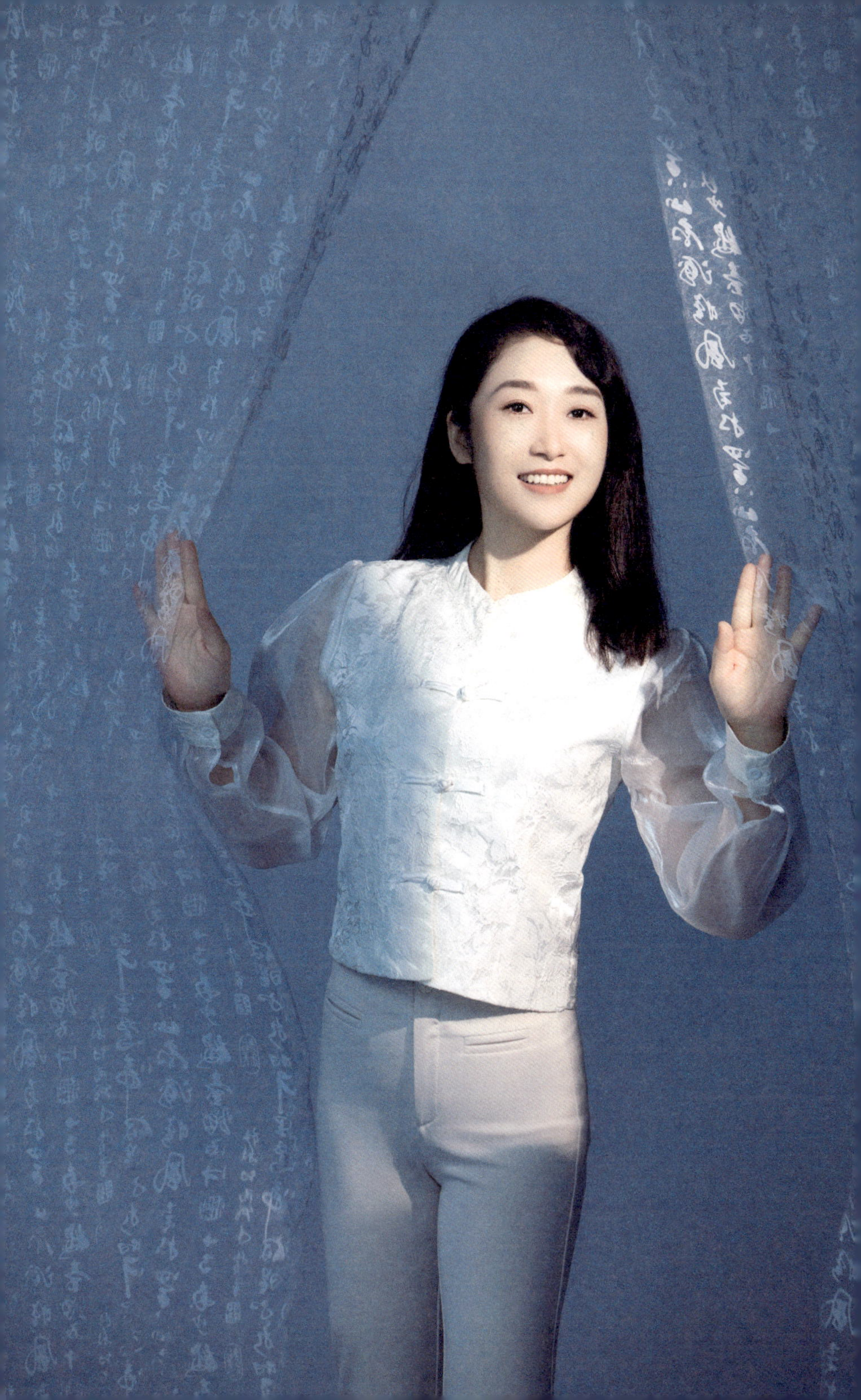

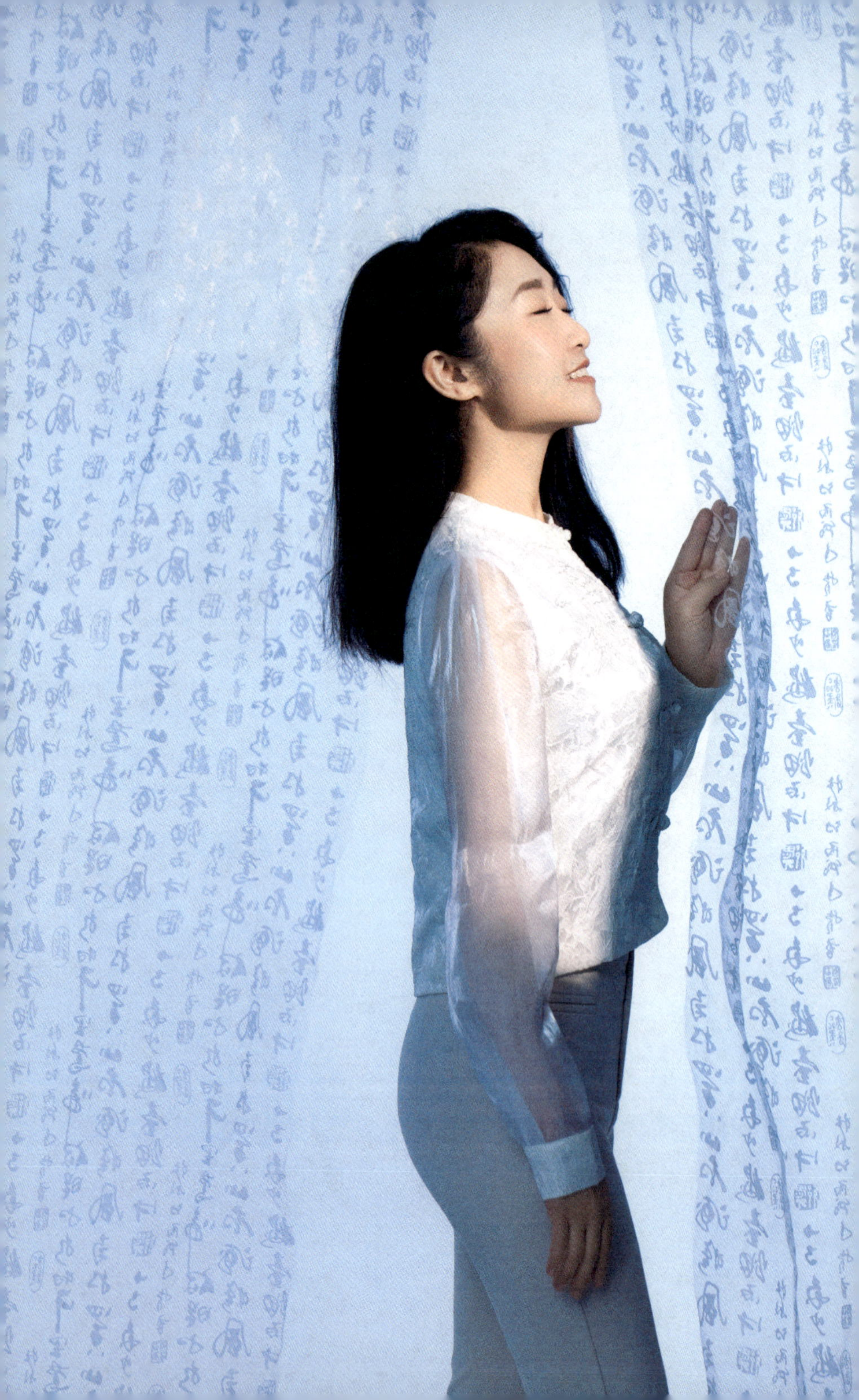

苦难,是上天给你的最大礼物!

第二章 感恩苦难

对过去说：感恩你，苦难

我非常崇敬的稻盛和夫先生曾说："苦难是给我们生命层层教育的富有智慧和力量的经验。"苦难不是一种消极的东西，而是一种积极的力量。苦难可以激发人们内在的潜力，让人们更加珍惜生命的宝贵。在苦难中，我们可以反思自我，重新审视人生的意义，从而更加坚定自己的信念。人生中的苦难只是短暂的经历，真正重要的是如何在其中寻找到自己的方向和意义。

"苦难，是上天给人们最大的礼物"。

"原罪"是一个不可逆转的存在，"原罪"总是用它不同的存在形式侵袭着人的内心。它就像一个古板的印记深而硬，然而古板不是原罪形成的原因，而拥有古板印记思维的人才是原罪形成的原因。实际上我们每个人都有存在的意义，也都拥有选择的权利。我们刻意的针锋总是在不断地消耗着我们的内心、消耗着我们心中所富有的爱，或许心存善意才是我们更好的选择。我愿世界所有值得被爱的人都可以被温柔以待，都能迎来希望的春天，都能得到绝处逢生。我见证过太多失意的灵魂，也见证过更多涅槃的心灵。他们浴火重生，他们踏梦归来。

父母离异：安全感与偏执的挣扎

　　有些人用温暖的童年治愈一生，有些人则需要一生来治愈童年带来的伤痛。

　　每个人或多或少都有着难以忘怀的过往，只不过有的人将过往摊开，置于阳光之下。时间的沉淀，回忆起时，那些曾经难以磨灭的记忆慢慢地变得淡漠，便成了回忆中被风吹过的泛黄书页。而有的人选择将它们藏匿在心底。时间的推移并没有真正治愈他们的伤口，只是表面的结痂掩盖了内心的深层伤痛。就像暗流汹涌的湍急激流，也如同山雨欲来的稀松土层。只需要一个小小的契机，一声雷鸣、一道闪电，这些伤痛就会瞬间爆发，霎时便是山呼海啸、山崩地裂的灾难。

　　这些伤痛很多源自原生家庭的不幸。如果一个人是在一个充满责骂、争吵、疏离的家庭环境中成长，从来没有感受过爱，或者曾经短暂地拥有过但又失去，我们又怎能苛责他没有成为明媚的花朵呢？童年的不幸可能需要花费一生的时间去治愈。如果不克服内心的困扰，哪怕用尽自己全部的力气去逃避，让自己看起来与常人无异甚至更为耀眼，而内心深处的偏执、自卑就像藏匿在阴影处的毒蛇，随时准备发动攻击。

所以，逃避永远不是解决问题的方法。伤口需要消毒才能防止病菌的滋生，昨日的痛苦也需要郑重地告别才能迎来新的篇章。哪怕这个过程是漫长而痛苦的，也请你勇敢地坚持再多一点、再多一点，你就能重获全新的自我。

不悔过往、不惧将来，放下昨日的烦恼、放下过往的怨怼和固执，对所爱的人多给予信任与理解。从心底接纳真实的自己、与过去的自己和解，你就会拥有全新的明天。

有一位亲密的朋友若冰（化名）曾让我为她疗愈内心的创伤。若冰的痛苦根源于童年时父母离异所带来的阴影，那是"原罪"中最为深刻的一笔。她曾跟我倾诉过，童年的经历令她不愿回忆，并尘封在记忆深处。她用柔美的措辞语、带温情地对我说道："我情愿身处严寒之地，宁愿让风雨肆虐肢体，也不愿回忆自己的故居，即使一瞬间也不愿。在那里，寒冷的冬风咆哮，仿佛要将我带到另一个世界。"而她曾经的家已经没有了往日的温馨和美好，只有记忆中的一片凄凉。

若冰不曾谈起自己的过往。由于我的职业特性，我深知有些事情在深深埋藏心底不愿触及、不愿说出的时候，便是一种无法言语的伤。她保持沉默，我也不愿在追问的同时增加她的痛苦。直到那个下雨的夜晚，她喝醉了，不顾一切地将我叫了出去。记得那夜风雨呼啸，我推门而出时，感到一阵寒意袭来。

我丝毫没有耽搁,在赶往她身边的路上,看着废墟般的风雨夜色。看到她的模样,头发凌乱、满脸水珠、湿漉漉的脸颊模糊了泪水与雨水的界限。多年来,她一直是一个优雅、精致的女子。因为今夜她的混乱,我便知她心里一直隐藏的痛终究还是爆发了;也深知那个一直在她心里的伤,她从未敢去触碰,可是伤未痊愈,便会化脓、发炎,若不及时救治,便会危及生命。

当她蒙眬的双眼望见我,她喊道:"Marry,你终于来了。"

这一句话说完以后,她便泪如雨下,同时哭泣道:"为什么要这样对我,为什么我深爱的人总要离我而去,难道我做错了什么吗?为什么你们生下我,却又不要我?为什么母亲可以这么残忍地把我抛弃在那个冰冷的家里?为什么父亲曾许诺永远爱我,却和另一个女人在一起?为什么你们要这样对我,为什么我要这样痛苦地活着……我恨你们……"

雨越下越大,风越刮越响,但仍遮掩不了她哭泣的声音。

"我要离婚了。"她说。

"你想清楚了吗?"我问道。

"他违背了对我的承诺,很有可能背叛了我。"她接着说。

"背叛"这个词总是带着无情和可怕的结局,因此我需要用铁证来证明这一点。

我看着她,说:"只是很有可能?"我稍微停顿了一下,"那可能只是你的猜测,不一定是事实。"

我继续说道："你应该知道，猜测和推断并不能成立。如果你真想离婚，你需要有确凿的证据。"

"虽然我没有确凿的证据，但我感觉到他已经不再像以前那样关心我。他经常晚归，回来后常常喝醉酒，身上散发出各种烟酒和香水的味道，甚至有时候他的衬衣上还留有口红印记。我可以理解他在商场上的逢场作戏，毕竟在职场中，人们不得不面对各种压力。但是最让我难以接受的是，他聘请了女助理。他曾经向我保证过，永远不会让第二个女人进入他的生活和工作中，但是现在他却违背了诺言。"若冰激动地说道。

"所以你觉得他背叛了你？"我问道。

她点点头，又摇摇头："不全是，昨晚我提出要和他离婚，我们大吵了一架，最后离开家的是他，摔门而出的也是他。他觉得我在无理取闹，实际上我也不知道我做的决定对不对。我很乱，我无法忍受他的身边有一个女秘书，所以我很想逃离。可是我又不想，但是我又害怕，我不知道自己该怎么办。我发现我很迷茫，难道是我要的太多，难道真的是我的问题？"

我看着她，她充满不自信的眼神让我感到心疼，我摇摇头说："亲爱的，我认识的你从未如此，我还记得第一次与你见面，你穿着干练，带着自信的微笑、从容不迫，那时候的你拥有一种独立的知性美。可是不知从何时起，那样的你消失了，我觉得你是否离婚并不是最关键的问题。最重要的是你内心的变化，你过于在意周围的人和事，产生了过多的内心矛盾，让你逐渐失去了曾经的自己。"

听完我的话，若冰陷入了沉默。良久，她才开口缓缓说道："我害怕离婚，因为它会给整个家庭带来无尽的伤痛。我亲眼见证了我父母婚姻的破裂，最终我也成了婚姻的牺牲品。但是，我也无法承受相互不信任带来的煎熬。我至今都清晰地记得父亲离家出走、一夜未归的情景，最终只等来了父母离婚的消息。那次我生命中第一次失去最疼爱的亲人，我真的害怕再次失去生命中的珍爱。从那之后，我被离婚的阴影所笼罩，从未解脱，这种感觉让我感到非常可怕。"

我看着她，开口轻声询问道："你和你的丈夫有过深入的交流吗？你曾经和他说过你内心的想法吗？"

她默默地摇着头，沉默不语。

我伸手握住了她的手，微笑地看着她，眼神中带着鼓励，安慰她道："也许真相并不是你想象的那样。"

她抬起头，脸上带着苦笑，自我否定似的摇了摇头："不……我懂，我的父母就是这样的，我不想再次被伤害。我又何必让他亲口说出那些伤我心的话，这不过是让他在我的伤口上撒盐。"

原生家庭的伤害对她来说是如此深刻，我微笑地摇头："可是你们并不是你的父母，你也不能因为你父母的影响就否定你

第二章 感恩苦难

爱的人，这对于你对于他而言都不公平。你不妨试一试和他深入交流，放下曾经的过去，放过自己，和他好好谈谈，给你、给他、给彼此，也给你们的婚姻一个机会。"

若冰的眼中再次出现了迷惘与失去信心的淡漠，语气中带着些许的落寞："有必要吗？"

我回答道："有没有必要在于你是否愿意真正地放下过去，也放开一直桎梏你的、曾经的那个你，敏感、逃避、猜疑，这些负能量实际上都是来自你的内心，而造成你这些负能量存在的原因是你曾经所经历的不愉快和给你造成伤害的童年。"

若冰只好将自己裹在一层冰冷的外壳之下，并不断地用冷风来麻痹自己。从本该拥有父母关爱的孩子变成了一个没有双亲疼爱的孩子，像个被抛弃的孤儿。不幸的童年不是我们造成的，但它却给我们留下了无法消除的伤痛。这种伤痛就像一颗定时炸弹，在未来的婚姻生活中时刻准备着引爆，因为童年时期的创伤带给我们的不安全感与自我偏执。父母离婚不是孩子的错，也不是孩子可以左右的事情，但为什么最终要由孩子来承担所有的痛苦呢？

若冰的童年是她内心深处的一道无法逾越的鸿沟。在她还是个孩子的时候，父母便离异了，而她只能跟随父亲一起生活，并在爷爷奶奶的照顾下成长。父亲另组家庭后对她忽视且不喜欢，爷爷奶奶对她的照顾也只限于吃饭、穿衣，却没有给予她任何情感上的关注与安慰。这让幼小的她极为不解，既难过又彷徨，她曾在受了委屈的时候去找父亲倾诉，可父亲却总是没有耐心听完她的话就将她打发了。小时候的她不懂为什么会这样，为什么她的父亲会不爱她？她曾试图通过各种方式去获得长辈的关注和喜爱，但当她意识到无论怎样都无法得到他们的真心喜欢时，她便放弃了。她只好开始学着过一种独立的生活方式，从生活与情绪管理的方方面面，自己照顾好自己。

尽管周围人影熙攘，欢声笑语不曾间断，却唯独她一人望月秋寒，身处喧闹却犹如形单影只的孤寂。她孤独，她无助，她感到自己仿佛被世界遗弃了，这是一种让人窒息却又无法摆脱的绝望的痛。经历过那样的绝望，她经受不起再次的折磨，唯有将自己包裹在冰冷的外表之下，将那些可以带给她寒意的冷风排除在她的身外。

"曾经的你是我们不能磨灭的过去，虽然她已存在，但不是不能治愈。"

"可以吗？我真的可以吗？"

我微笑："只要你愿意，只要你愿意迈出那一步。"

若冰看着我，眼里滚动着热泪。我起身将她拥抱："亲爱的，一切都会过去的，一切都会好起来的。"

"那我该怎么做？"

"我觉得你需要给自己放一个假期,让自己的内心冷静,给自己一个释放的空间。在你认为自己足够冷静的时候,与他好好谈谈,听听他的声音,同时也告诉他你的想法。如果你不希望婚姻就此止步,你要放下你的偏见、放下你的猜忌、放下你的胡思乱想,只有这样,你们之间的矛盾与误解才能得到缓解,最后获得解决。"

在婚姻中,两个人会存在很多的误解。两个人有着不同的生活环境,由于来自不同生活环境的两个人相互不了解,只是因为爱而走到了一起,这本就是一件非常不容易的事情。都说打江山容易,守江山难,婚姻亦是如此。为了守护自己的婚姻,我们需要具备智慧和适时的冷静态度。有时候,我们需要给予双方一些空间,却也需要给予彼此的信任。

她点点头,看着窗外:"或许正如你所说,我们需要直面一些事情,而逃避并不能解决问题。而对于那些毫无根据的猜忌,我真的可以做到像你一样吗?"

我看着她,点头:"会的,虽然这是一件很难才能完成的事情,但是我相信你。"

自我救赎是一场从痛苦的桎梏中奋力挣脱的过程。我深知其中艰辛,但只要坚持,理解自己内心的需求,包容自身的不足,给自己更多的宽容与自由。我们的心灵便像大海一样广袤,能够容纳万物。虽不能及海水之不拘一格,但心海的包容度绝对不可轻视。

"那我应该怎么做呢？"

若冰终于露出了开心的笑容。从昨晚到此刻，这是她第一次放松下来，流露出内心深处的喜悦。我想，我能做的就是尽我的全力，让她得到更多快乐的时刻，于是对她说："精心打扮自己，为自己购买一些心仪的礼物；品尝着可口的美食，观赏着内心所向的电影，或者踏上旅途，去远方的天涯海角。让自己沉浸在这些美好的时光里，享受生命中难得的自由与快乐。"

听着我的话，若冰的眼里泛起涟漪，闪着光芒，说："这听起来真不错，我觉得我应该再穿上色彩艳丽的衣服，涂上颜色娇艳的口红。你知道的，我最喜欢娇嫩欲滴的红唇，那样看起来既魅惑又自信。"

我看着她展露的笑颜，心里的云雾终于散去。是的，我与她的初见，她便是一身红衣、娇艳红唇，干练而自信。在事业上，她向来是所向披靡；可是在情感上、在婚姻上，她对自己不够自信，对爱她的丈夫也是如此。她与丈夫多年相持，才有了今天的成就，一起经历了风雨。可是在她的内心深处，因为受自己年幼时父母离异的原罪影响，她总是无法真正地去信任她的丈夫，总是猜忌怀疑她的丈夫。对于女性与她的丈夫走近，她便会觉得婚姻岌岌可危，才会无理取闹、无端质问。可是婚姻又何尝经得起这样的折腾？男人在外本就不易，社会压力过大，回到家中希望有一个温馨和谐的氛围，让自己放下一切的紧张与不悦；可是回到家中又要受到至亲之人的责问与怀疑，即使有再多的感情，也无法坚持。

而我们自身的问题，唯有自我调节，遭遇的过往无法改变，我们的思想和感受却是可以改变的。

再见她，已然是半个月后了。

她见到我时，给了我一个大大的拥抱："Marry，谢谢你，给了我勇气和安慰，也谢谢你无论何时都给我安慰与鼓励，一直听我说着无聊的话，甚至不远千里来到我的身旁，若是没有你，或许我的家就被我无端地怀疑与猜忌毁了。而且经过这件事，我更加深刻地意识到，婚姻的根基在于相互信任。我们必须在守护我们所珍爱的同时，保持自我，并且具备独立解决问题的能力，不要陷入沮丧或采取无谓的行动。这种能力才是我们应对一切困难的关键所在。亲爱的，真的谢谢你，能够遇见你，真的是我的幸运。"

她的谢谢我收下，我微笑地说："我的另外一个建议，你考虑得怎么样？"

我说完，她的笑容有些僵硬："这有些困难，我与他们交往并不多。"

"他们"指的是若冰的双亲，我的建议是她与父母好好聊聊，聊聊他们的内心，要让她真正地放下过往，还是需要从根源之处去解开，而她的这把锁源于她的父母，实际上这也是最难的那一步。

"我还需要一点时间。"

她很诚实，我很明白，这对她来说确实很难，可是我也相信，她一定会做到的。那时候，她会与她父母来一次真诚的对话。

"不急，等你觉得准备好了。"

大致过了一个月后，我接到了来自她先生的电话。在电话里我收到了她先生由衷地感谢，因为我的开解与引导，若冰逐渐地打开了内心。她不仅与先生有了良好的沟通，更是与她的父母进行了一次内心的交流，听到了她从来没有听到过的话。据她先生的描述，与她父母交流的那晚，她哭得泪流满面。不仅是她，还有她的父母。她心中的以为都只不过是以为，而事实上便不是如此。她的父母深爱着她，并且也因为曾经的过往对她心存愧疚，一直以来他们都想和她说一声："对不起，孩子，我们伤害了你。"可总是差那么一点儿没有说出口。而在那晚，若冰听到那些话之后，彻底地放下了曾经的一切，有的只是眼前的幸福。

在如今的婚姻中类似这样的情况非常常见，大多是因为双方缺乏信任，造成婚姻的失败。尤其是原生家庭中，父母离异带给孩子幼小心灵的伤害更是无法磨灭的。亲情贫瘠的孩子从

第二章 感恩苦难

来都是被动承受却无法选择。而这世界上，还存在多少像她这样被迫承受他人酿造的人生苦果，却无法挣脱的人？奥地利心理学家阿德勒说过："幸福的人用童年治愈一生，不幸的人用一生治愈童年。"

即使后来遇到了所爱之人——若冰遇到那样疼爱她的丈夫，被他的执着感动之后，渐渐压下了心中因为年幼时父母的离异带给她的恐惧感，尝试着去接受他的喜欢、接受他的好，与他结婚生子。

可是在建立婚姻关系之初，她就带着一种情感弱势的状态。因为父母的离异让她对情感的不安始终存在，父母的离异造成她内心的自卑感也从未消失。不仅如此，她对于情感本身就是无法始终如一的偏执思想也一直埋藏在内心的深处。

所以当另一半出现某些与她预期有所不同的行为之时，她往往就会过分地紧张与敏感，久而久之便让自己陷入一种婚姻危机的焦虑之中。而这也正是因为年幼时父母的离异带给她的恐惧感过重，一点点的风吹草动便会让她格外敏感，导致她有些过度猜疑、杯弓蛇影，甚至怀疑丈夫的忠诚？更甚者，她不仅对丈夫产生怀疑，甚至对人生充满了悲观与消极，从而产生世界崩塌的悲观感。这样的情况并非个例，许多受过原生家庭伤害的人的心里都会有这样的困扰。他们无意伤害别人，可他们自己受过的伤太重、无法自愈，只能在一次又一次的怀疑中内耗自己，同时也伤害了身边真正爱他们的人。

　　人类的情感本身含有巨大的能量，就像我们的内心会在我们需要的时候赋予我们神奇的能量，这种能力是我们平时根本无法相信的，但是在需要的时候，它总是会出现，会激发我们的潜能，排除万难。

摆脱重男轻女思想负担，找回内心自由

  我们降临到人世间，都有我们存在的意义，也都拥有选择的权利。我们总会遇到无数与我们意见不同的人或者事，相比刻意地针对，心存善意或许是更好的选择。我见证过太多失意的灵魂，也见证过更多涅槃的心灵，或许她们都是绽放或是曾经绽放的娇艳的花朵，可是还未成长便被无情地扼杀，从此变得小心翼翼、谨小慎微。无独有偶，我曾经便遇到过这样一个女孩，她叫云儿（化名）。云儿的梦魇的源头也是"原罪"，而她的"原罪"是因为古老而传统的观点"重男轻女"。看似简单的四个字，却带给了她无穷无尽的折磨。

  云儿曾经告诉我，她迷茫，虽然知道自己存在的问题，却不知道该从何下手、从何改变。她更不希望自己是被抛弃的一员，不希望自己是潮退之后被搁浅在沙滩上离家很远、被家族遗忘、接下来的命运便是浑浑噩噩地等待死亡的鱼。她害怕，说自己想迈过这道坎，想与曾经的自己释怀。可是这一切都太渺茫，她一直在走，却感觉永远在走迷宫。

  人生走到如今，她却感觉不到任何意义，觉得自己的生活

失去了所有的色彩。

  还记得初见云儿，是在十年前的一个午后。那日，我如往常，在我的办公室里静静地品着咖啡。咖啡虽苦却可以平衡我的心绪，而这也是我每天自我内心放空的时刻。我面带微笑，望着窗户，看着人来车往的街道，感受着这熙攘中的和谐，而她就在熙攘的和谐中向我走来。第一次见云儿，我是惊讶的，因为她太漂亮了，精致的五官、细腻的肌肤，更有一种由内而外的娴静之感，或许也是因为她身上散发而出的独特气质，所以我对她的印象才会如此深刻吧。

  但是当我听到她宛若嘤咛的声音时，我感到了来自她内心的恐惧，或者更确切地说是她对外界产生的恐惧。往往这种恐惧形成的原因都是难以想象的，这让我对她也产生了巨大的疑惑。

  她有一双可称得上完美的双眼，它本应该清澈而明亮，可是此时的它们却带着一种迷惘与不安。

  "我……我需要帮忙。"这是她对我说的第一句话，直接带着渴望又带着不确信。

  我有着一颗心、一颗百变的心，这是我与生俱来的独特优势。我总是可以感知她们的感受，无论是悲伤，还是困惑，或许是不知所措，更或许是压抑煎熬。这或许听起来很不可思议，但是事实便是如此，而她带给我的是一种细腻微弱的存在。她在害怕、在迷茫、在困惑,茫茫大海。她就是那一只摇曳的小舟,不知该飘向何处,而她又很想有一个安全可靠的港湾栖息,这就是她带给我的感觉。看着她那张美丽的脸庞,看着她无措空洞的美丽双眼,我的心便不自觉地变得柔软了。

"你愿意相信我吗?"这是我对她说的第一句话,出自我的真心。

她看着我,眼睛微微一动,这是她进到我这间屋子之后,眼神极少数的动作之一。

"我可以相信你吗?"云儿说着。

"我可以相信你吗?"这句话带给我太多的信息。她没有可以相信的人?是因为不被相信还是不愿去相信?可是无论是哪一种,都是痛苦的过往。

"如果你愿意的话。"我的语气缓慢、眼神柔和、面带笑意,就像她是一个珍宝,怕一不小心便将她摔坏了。

或许是感知到我的真心,她微微抬头看了我一眼:"你是除了我母亲之外,唯一对我说这样话的人。"

"谢谢你愿意相信我,你喜欢听音乐吗?"我问道。

云儿微微点头,我放了古典音乐,为了让她更加舒展自己的内心——古典音乐有着疗愈内心的作用,可以缓解心绪的不宁。

音乐放了大致有一段时间,她开了口:"我不明白女孩为什么比不上男孩？我很努力，也很优秀，我比他们都优秀，可是无论我如何努力、如何优秀，他们终究是看不到我的存在。他们认为，我是女孩，就不应该学习这么好；我是女孩，就该吃不饱睡不好，我就不该过一个正常人的生活；我是女孩，就应该三从四德；我是女孩，就应该听从家里的安排，到了年纪出嫁给家里的男人赚一笔丰厚的嫁妆！为什么在现在的社会还有这样的家庭，为什么偏偏我出生在这样的家庭，为什么呢？"

她说了很多，语气缓慢，但是我可以明显地感觉到她内心的愤怒。

"虽然你没有成为他们所认为的女孩，但是你做到了你想做的女孩，对吗？"

我说完，她眼神中闪过一丝惊讶，随后回答："是的，因为我的母亲不希望我成为第二个她，走她的人生，所以我的母亲用尽一生将我送出那个家，希望可以活出一个女人该有的生活。"

"你觉得你做到了吗？"我问。

她低下了头，说："我以为我做到了，我以为我可以撼动他们陈旧观念的大山，可是无论我现在有多好，我仍旧改变不了我母亲的命运，改变不了我与母亲在家族里的地位，我们仍旧是那个被人遗忘甚至可随意遭遗弃的存在。我突然不明白自己为什么要努力，我以为我可以改变自己的命运，我希望母亲因为我的努力与成就可以获得更多的尊重，但是我发现，这似乎就是一个遥不可及的梦！

"我觉得前方的路没有了灯塔，没有了指引的光芒，没有了我为之奋斗的动力。我很纠结也很痛苦，想一走了之，因为我已经无力去抵抗，可是我却不能这样做。我若是走了，只能留下我的妈妈——世界上唯一一个给予我温暖的人，独留她一人在那暗无天日的家族里，她又该如何是好……

"妈妈为了让我离开，让我去过美好的生活，付出了太多，我无法抛下妈妈，可是又无法让自己继续坚持。我越想前进越发觉无力，越无力就越看不到希望，越看不到希望，我便不知道活着还有什么价值与意义，我根本什么都不能改变，我该怎么办？"云儿看着我，眼中是闪烁的晶莹。

"你已经做得很棒了。"我微笑，"你离开了顽固不化、陈旧思想的家，你获得了自由，你现在可以过上和其他女孩一样的生活，这就是改变，而且我相信，这也是你母亲所希望看到的。"

她疑惑："真的是这样吗？我不确定……"

"要相信自己。"我看着她，内心坚定的眼神看着她，更希望她可以感受到我对她的肯定——因为这是她非常需要的。

"陈旧的观念，便不是依靠个人的力量就可以改变的，重男轻女是思想遗留问题。即使我们想要改变它，也需要一个久远的时间，而且还不是一个人，而是几代人。我能理解你想改变它的迫切，但不是所有的事情都能如我们所愿。这时候我们能做的就是改变我们自身的心态。有这样一句话，"改变别人的想法不如调整我们自身的心态容易些"。因为每个人的成长环境不同、经历不同，所以思想也不同，这都是日积月累形成的习惯，所以我们放松自己，也放过自己，让自己满足似乎更简单一些，不是吗？再则，山不过来，我便过去。我们可以去改变可以改变的人，那个家母亲住得不开心，或许你可以问问她是否愿意与你一起生活，与母亲来一次交心的交流，不赞同的人，我可以不去顾虑，只要想着你希望的那个人便好，不是吗？当然，这也需要你有足够的能力，我们不需要去抵抗任何人，只需要去满足我们想做的，只要是你的能力所及。"

云儿一度失去了生存的希望，而我要做的就是赋予她继续活下去的力量，改变他人本就是一件艰难的事情，调整自己又何尝不是一种有效的方式呢？

停顿了很久，许久，她抬头看我："是啊，山不过来，我便过去，或许我可以试试，与母亲好好谈一谈。"

再次看见她脸上多了几分自信，我由衷地感到开心。我如今还记得她临走的身影，她对我深深地鞠了一躬："谢谢你，Marry老师，让我重启了活下去的勇气，虽然我便不知道自己会不会成功，但是我至少有了继续往前走的动力。就像您说的，很多人的思想都难以改变，我又怎么能真的去改变呢？何况我不是家族原有的成员，我的母亲是带着我再嫁给了我现在的父亲，才有了现在的家族。"

当我听到她这句话的时候，我情不自禁地握住了她的手，或许我本就是一个感性的人："相信自己，没有比活着更重要，我相信你的母亲与我想的一样，你答应我，好好爱自己，努力地让自己活得更好。"

云儿听着我的话，眼里满是感激的泪水："我会的。"

确实，我曾以为这只是简单的原罪、简单的重男轻女。她没有向我细述过自己的过去，但我能感受到她小时候的难过和不易，饥饿、失眠、无法学习，缺乏自信、安全感和自我价值，在继父家族人的眼中，她一直都是个多余且没用的人。如今，她已经离开家，上大学了。我深知她的母亲为了她所付出的一切是多么艰难，但对她而言，母亲无疑是她的希望。然而，我更希望她赋予自己内心的坚强。因为生离死别是每个人都必须经历的，无人可以永久陪伴在自己左右。我只希望她能够成长，不为母亲，不为任何人，只为自己，独自经历人生的风风雨雨。

然而，令我意外的是她再次来找我了。这一次见面，她已经结婚了，却依然感觉缺少幸福的滋味。幸福与不幸福是可以感知的，而她多年来一直追寻幸福，却未能找到。她再次陷入自我怀疑，因为生活并没有如她所愿，她也没有在这段感情中找到幸福的存在。

她再次来访是在一个午后。没有任何预约，她如此突然的出现让我有些措手不及。那时，我正在帮助一位需要疗愈的朋友。或许正因如此，我的精神有些疲惫。每一次的疗愈，我都需耗费内心的很多能量，赋予她们不同的期许——是对未来的期望，是内心的宁静，是生命力的热情。因为每个人的过往与经历不同，对人生的期许也不尽相同。云儿这次来寻找的是力量，是向阳而行、勇气的力量。

她的视线与我交汇，或许是因为我脸上的疲态，她流露出了愧意，轻轻颔首，开口道："抱歉，没有预约直接找你，但我真的很需要你。" 我微笑着回应："不必道歉，我很高兴被你需要。虽然我更希望你不需要我。"

我深知她的需要必然源于生活中的不如意。

云儿注视着我的眼睛："谢谢你，Marry。我曾以为跨出那段痛苦的深渊后，生活会变得更美好。但事实证明，我好像又掉进了另一个漩涡……"

她说："我终于成功了！想起之前给妈妈买的那条昂贵的金项链，我只是想用它证明自己的能力，却忽视了妈妈一直以来的满足。其实，妈妈很容易满足，她常常告诉我，已经拥有了很多幸福，不需要我为了她去做自己不喜欢的事情。

"她经常跟我说她很幸福，我已经给了她很多，她现在一切都不缺，更不愿意看到我为了她而委曲求全，甚至牺牲自己的兴趣和喜好。妈妈常常告诉我，相信自己，让自己过得幸福，不要委屈自己。我很明白她的意思，但我总希望变得更好、更优秀，让我的妈妈因为我感到骄傲。我用我的能力证明了自己，证明了我不比任何一个男人弱，甚至胜过他们很多。

"现在，我明白了这一点，更加懂得珍惜和关爱自己。但不知道为什么，我虽然得到了自己想要的，但内心似乎空落落的。我的母亲说她最渴望的愿望就是看到我嫁人成家，成为母亲，为人父母是人生的圆满。后来我遇到了我的爱人，或许是因为我听从母亲的话，或许是因为我自己也想要一个家，于是我们决定结婚了。

"在建立新家庭后，我竭尽全力让家人生活得更美好，包括我的婆家人。我深知，我不希望重蹈奶奶家族的覆辙，成为他们眼中的陌生人。然而，尽管我一直在努力，但在最初几年里，我未能获得婆家人的认可。他们对我毫无表情，仿佛我对他们而言毫不重要。对此，我深感不安，因为我不想回到被忽视的地步。我不断尝试，企图用尽一切手段来赢得婆家人的认同和青睐。我购买了各种礼物，也给婆婆家族的人很多金钱上的帮助，尽力帮助他们实现心愿。

"然而，无论我如何努力，他们始终将我视为异类，看待我如同一个不断讨好他们的陌生人。我努力工作可以让母亲感到欣慰与幸福；可是为了婆家人，为了这个家，我所做的努力似乎像是在做无用功。尽管我辛勤努力,但总是感到收效甚微,毫无获得一丝赞扬的迹象。渐渐地,我开始受不了婆家人的各种挑剔,情绪也随之变得焦躁不安。我开始抱怨起来,口不择言,爱挑剔,不仅批评婆家人和丈夫,甚至我的母亲也没能幸免。其实我并不想成为这个样子,但我不知道该如何改变。我多么希望自己能成为贤惠温柔的儿媳、好妻子和孩子的好母亲,但越来越觉得与此愈行愈远。有时候我会迷茫,不知道自己在做些什么,所做的一切是否有意义,为什么这么努力,追求着什么?当我沉思其中,自己也觉得这些问题匪夷所思。Marry,我到底怎么了?为什么会变成这样?"

有时候,人们的想法和行为让人难以理解。尽管你付出了很多心思,试图赢得他们的赞赏和认可,但却往往无法如愿以偿。也许我们需要认识到每个人都是独一无二的,他们拥有独特的性格和做事方式。在面对这种尴尬局面时,我们不能惊慌失措,而应做到不轻易猜测情况。我们需要先端正态度,挺直身体,因为这样可以避免犯错。就像开局就掌握方向一样,否则即使再努力,过去的所有付出也将功亏一篑。因此在行动之前,务必深思熟虑,问问自己真正的目的是什么。

基于此,我说道:"无人不渴望赢得他人的赞赏、尊重,我知道你的内心的愿望——希望得到夫家对你的认可。"

她赞同地回答:"是啊,我希望被认可,想要证明自己的价值，成为别人需要的人。我一直在为此奋斗，因为不被需要的感觉很不安。我也不知道为什么会这样，想要以物质为准绳来衡量他人的看法和彼此之间的情感，这样的思维方式不免让人感到不安。时常会萌生自我怀疑，觉得自己总是戴着伪装，掩盖内心真实的模样，又因为做事得不到应有的回应而感到疲惫。内心的空虚感如浮根般萎靡无力，丝丝涟漪也会让心头荡漾不已。"

我告诉她："无可否认，你很出色。相比你的同龄人，他们大多需要经过漫长的岁月才能获得相应的成就，而你仅用几年时间就能达到不错的高度。但我们也不能忽视一个事实：我们不应该被自己的优越感所蒙蔽。这种感觉极易迷惑我们的思路，导致我们失去初衷。你应该反思一下，我们最初的想法是什么？我们是否已经实现了它们？我们需要时刻反问自己内心的问题，因为有时候，过度的自我消耗会使我们迷失方向，变得茫然不知所措。"

她微微点头，轻声道："是的，我一直在奋力前行，努力、奋斗、拼搏，但内心深处总期盼着一份安定。我也希望有人能够为我遮风挡雨，给我一份温暖。因此，在我看来，只有获得别人的认可和肯定，我才有机会成为他人眼中需要被呵护的人。"

我缓缓地说道："当初，所有的辛劳只为了满足当下的期望,然而当一切都变得可得时,你发现自己已经远离了最初的梦想。现在需要的不同于过去,旧有的方式再也无法通往心中的彼岸。"

云儿注视着我,双目洋溢着期盼的光芒:"Marry,你说的没错,我一直在努力满足他们的期待,但内心却感到力不从心。我感到迷茫,虽然我为家庭付出了很多,但我却始终得不到他们的认可和喜爱。我感到非常委屈和绝望。"

"我理解,我明白,因为你的快乐源于他人,寻求他人的认可并不容易,更需要我们付出辛勤的努力去争取。努力寻求心愿,寻求自我满足可能比追求他人的认可更令人愉悦。所以我们需要对自己进行改变,要问自己想要什么,满足自己比满足他人更令人满意。我相信你的丈夫也是一个卓越的人,像你一样有责任感、有担当精神,孝顺、坚定。你正在为家庭的未来而努力拼搏,然而请静下心来,深思自己需要什么,而不是一味地迎合他人。你究竟想要什么?你希望实现哪些愿望?也许你只需要宁静、安全感和价值感。"

"那么,什么样的状态才能带来真正的内心宁静?"她问我,眼里满是期待。

"就是你可以自由支配自己感受的状态。你可以随心所欲地做自己想做的事情,去你想去的地方,准备好出发的时刻,并且不必担心别人的指示。例如,我们可以利用挣来的积蓄,尽情享受美食、电影和温泉，释放身心，感受自己的快乐。这种快乐会比从他人那里获取得更加容易和真实。"

在人生中，没有什么事情是永恒的。或许，那些看起来不幸的事情在特定的时刻会变得有意义，就像需要加热的一杯水表面的泡泡一样。这些问题潜伏在我们进入新的阶段时，虽然前景光明，但内在存在的问题仍需正视。我们需要细心地处理这些问题，就像加热一样，需要一种媒介让事情被接受。因此，我们要学会如何应付问题，进而迎接人生的挑战。

一颗心灵碰撞另一颗心灵，便能唤醒新生的灵魂，为其注入启示和内在的动力。不过，内在的因素往往会减弱这种动力，因此需要外部的推动。我所追求的是一种平稳且不断螺旋上升的动力，引导人们在心灵疗愈中获得更多的成长和启迪。

凝视着云儿纠结而茫然的双眼，我感受到她内心的迷茫，仿佛不知何方才是向往的归宿。瑜伽音乐的治愈旋律与凝香所释放的宁静气息相互交织，直至心灵平静。此时，她所需最多的，便是静下心来。

随着音符的轻声响起，她仿佛融入了这美妙的旋律，紧绷的眉头逐渐舒展开来。我倒上一杯温暖的茶，静静地陪在她身旁。这时，我的心中也充满了那份温暖和阳光。向着太阳前行，我们会迎来希望。我希望这份温暖也能够传递给她，带给她希望和内心的富足，不再疯狂地向外索求，而是开启向内愿求的智慧大门。

"此时,你应该为自己的成长感到高兴,因为你已经开始思考人生,探索生命的意义,这是一件多么美好而又激动人心的事情。不要担忧,不要迷茫,因为此时的你正在为开启未来美好的大门而努力准备,去迎接属于你的光芒与辉煌。"

她注视着我,眼神中透着惊讶。我明白,云儿惊叹于自己为开启生命意义所做的准备,但还有些迷茫:"这可行吗?我能做到吗?"

我微笑着对她说:"永远不要怀疑自己的能力和潜力,不必让别人的伤害成为自己的负担。这些只是我们开启人生意义的钥匙。我们无法改变他人的想法,也不需要改变他们。我们应该聚焦于坚守自己认为有意义的事情,让自己感到愉悦和舒适,并从中汲取力量。

"例如,当你帮助妈妈时,她因此获得幸福,而你也因此感到满足;当你帮助婆家人时,你也让你的家庭变得更加幸福,让孩子和丈夫也感到开心。虽然我们并未征求她们的同意,但我们仍以自己的想法去伸出援手。

"对于那些习惯依赖他人帮助的人,我们也不必太在意,因为你的帮助已经足以让你的心情愉悦。如果我们从中得到了快乐,那已经足够了。我们必须学会满足和付出,同样也要学会心灵的满足。因为,这个世界上总有一些人我们是无法满足的,有些人我们不喜欢，同样也有人不会喜欢我们。既然如此，谁喜欢或不喜欢我们，我们也可以适当地释放内心，不必消耗自己的情感。我们只需要关注那些爱我们、喜欢我们、希望我们变得更好的人，去关怀他们。

"每个人的存在都有其独特的意义。我们应该清晰地认识自己的内心，并以善良之心为指引，无论出于何种目的。我们应该感恩自己为了奋斗而努力的每一年，同时也要学会善待自己和他人。尽管有时我们会感到束手无策，但事实并非如此。即使我们未能做到某些事情，太阳照常升起落下，我们的生命依然完整无缺。因此，我们应当从内心出发，改变自己，满足内在需求。

"因此，在我看来，你最需要的是与你的婆家人坦诚交流，不要怀有功利心态，而是保持开放心态。你可以诚实地表达自己的感受和愿望，希望他们能够认真倾听并理解你的真心。我相信，真心相待，即使在冰天雪地中也会有冰雪融化的温暖，更何况我们的内心是有血有肉的，它们跳动着，充满着生机和力量。"

云儿默然片刻，终于开口说出心声："您的建议很好，但多数时候，我总感觉自己戴着面具，被迫与人和善。即使是小时候的伤痛，我也无法面对，一如梦魇般可怖时常萦绕脑海。这种恐惧似乎成了我的动力，推动我向前，而身边的亲人也不断

·060 此生为何而来

地督促我前进。可我该如何克服这样的局面呢？"

我微笑着回应："没错，不要怀疑自己，只要愿意迈出那一步，就像你敞开心扉为我，这是美好的开始。成功已经近在咫尺，即使遇到困难，我们可以一步步克服，填补所有缺口，甚至让它焕然一新。我们要用色彩丰富自己的内心，追寻爱与美好，并深藏其中。这是一段探索之旅，我们一路前行，把内在恐惧的力量转化成对美好追求的力量，变成自己前行的真正动力。"

"或许，我错了。不应该活在别人的评判之中。"云儿若低声自语。

我插话道："但是，请转念一想，逆向思维的启示真的是一件了不起的事情。我相信，正是因为这个启示，你的人生会朝着更加美好的方向前行。我更相信，这一次的美好将与以往不同。因为现在，这份美好并不是别人的期望，而是你内心的渴望和期许。你会比以往更坚韧，更有毅力。你会获得比以往更多的满足和成就，超出你的想象。相信我，你会成为一个不同的人，成为独一无二的自己。而这一切，都凭借着你自身内在的力量。"

当我再次见到她时，她展现出了从容自信、快乐幸福的女性魅力。她向我讲述着自己走过的艰难历程，感悟到爱与呵护自己的重要性，也明白面对孤独与挑战所需的勇气与坚韧。如今，她已成长，不再胆怯，以自如的态度面对一切。她不再是为了看而看，为了写而写，而是用心衔接、用心记录，用心调动自己的心之力。

她深知我钟爱浓郁的咖啡，心怀关爱地为我带来了一杯。这是一份滋润心灵的礼物，激励我在人生路途中更加坚定前行。这份动力源于我帮助过的朋友，他们从我这里获得了救赎和解脱，我为他们的感激而感恩，这种内心的能量让我倍感温暖，让我看到生命中的美好。它就像身体里的一股暖流，让我心生满足。

内心充盈的信心，使我仿佛无所不能。我拥有海纳百川的容量，足以容纳大海和星辰，更能包容人生中的悲喜，接纳曾经逃避的自己，欣赏眼前的自我。过去还是现在，相互包容，彼此欣赏，让我们的心灵远离伤害之苦。

希望每个人都能像云儿一样，在年华正茂时展现真实自我，拥抱喜悦、富足、丰盛与绚烂。云儿的生命已然觉醒，相信亲爱的云儿，在现在和未来，可以遇见更美好的自己，一切所愿皆所成！

溺爱的代价：性格自私的困扰

每个人的故事都是独一无二的，但也有着相似的情节。有人说，雨后天晴会绘成彩虹，潮涨潮落是海岸的风景。而对我而言，每个人都有机会成为这些美丽的元素中的一部分，成为别人眼中的绝佳风景。我曾接待过很多朋友，与他们的互动不仅带给了我新的启示，也让我从中汲取了丰富的知识。最近，我结识了一位令人印象深刻的朋友糖糖（化名）。她打扮简朴，但却散发着一种特殊而又吸引人的优雅美丽。或许正是因为她身上的这种气质，让我对她的认识更加深刻。我清晰地记得她曾经对我说的话，每当回忆起来都会在我心中激起涟漪，久久不散。她说我看起来温柔，但却充满力量，内心一定很坚强。我们在一起时，她并没有感到压抑，也没有紧绷的神情。她感到很放心，能够毫无保留地表达内心的想法和疑虑。这让我感到很快乐，因为被人信任的感觉是无与伦比的美好。她的信任也让我更深刻地理解，每个人都有权利选择信任和被信任的道路，这是一种无形但强大的力量。

"随着暖风的轻拂，良言如春风般袭来。"每当我听到这句话，便不禁回忆起那个与众不同的日子。记得当时我看着她面带笑容，却感觉不到她内心的开心。

她说："我其实是一个自私的人。"

我看着她："你为什么会这样认为呢？"

糖糖定定地看着我，语气很急："或许你并不知道，我和其他咨询者不尽相同。他们之所以烦恼，或许是因为缺乏爱或不被爱。而我不同，从小便得到许多的爱。家人曾告诫我家中不缺任何物质，只需我提出需求，无条件满足我。即便我要天上的星星，父母也会想方设法为我摘取。尽管如此，我依旧感到某些东西缺失。当我无法通过父母的满足而陷入胡思乱想时，我的行为显得主观，甚至自私。但实际上，我并不想如此。我知道每个人都爱我、喜欢我，但我控制不住自己，时常情绪失控。"

她带着迷惑的目光注视着我，询问道："我究竟怎么了？是因为缺乏安全感吗？"

每日相遇，人生百态。我每天会遇到不同的人，他们都会出现不同的问题，有的人困顿在情感迷雾中，有的人则被工作琐碎困扰。然而，我们的相遇却不是偶然的巧合，而是缘分的凝聚。在这份缘分的带领下，我愿意尽我所能为她们解惑解难。今天的姑娘年轻却十分焦虑，眉宇紧锁。她需要的是一种平静的氛围，需要一份心灵的宁静。

"做一次深呼吸,让内心平静下来,告诉自己:一切都会好起来的。"

我以轻柔的语调为伴,带领她做出深呼吸的动作,希望她能随着我的呼吸而慢慢放松下来。呼吸是一种奇妙的磁场,能够相互感应和影响。渐渐地,我的话语、目光以及呼吸开始影响着眼前这位女孩,她徐徐平静下来。无论问题多么纷繁复杂,解决它们都需要逐步前行,需要我们有足够的时间和空间来缓解内心的烦恼。

我说:"事态并未如你所想般严重,你目前还没有真正伤害到任何人。或许他们会有一些生气或不理解,但他们仍是他们。我们需要调整自己,从内心深处着手改变。"

初步的引导起到了良好的作用,此时,糖糖的内心得到了平静,心境也变得更加轻松。她缓缓开口:"与现在不同,在我父母生活的年代里,他们的能力远超同龄人,所向披靡。不仅如此,他们对我的关爱也是无微不至。"

说到这里,她轻轻垂下了头:"刚开始,我真的感到非常幸福。但是日子就这样一天天过去,我却逐渐失去了从前的美好感受,不再像过去那样心满意足,反而对于他们的好逐渐变得免疫。虽然他们的能力非常强,特别是我的母亲,但她的做事方式总是咄咄逼人,对我也非常严格,因此我开始不喜欢我的母亲,总觉得她的做法有些让我无法接受。"

我认真地询问她:"你和妈妈发生了冲突吗?"

糖糖摇了摇头,然后又看向我。我继续问道:"或许发生了无法控制的问题?"她再次摇头,表情有些疑惑。

我笑了:"你所做的非常出色,当即将爆发的问题出现时,你保持冷静并有效地阻止了孢子的扩散。"

她的嘴角也掀起了一抹微笑,或许她没有料到我会如此询问,更或许她没有预料到我会如此回答,她继续讲述着故事:"因此,我更钟爱我的父亲,他性格坦诚直率,如今我也变得如此。我的父亲非常疼爱我,满足我的任何要求,哪怕我没有开口提出。小时候的我不懂得感恩,明明家人待我很好,我却身处幸福中却不知道幸福。渐渐地,我的性格变得自私、敏感。我认为每个人都应该对我这么好,这对我而言理所当然。"

我的眼前,她的情绪逐渐低落,流露出千言万语。我匆忙握住她的手,在我的手心轻轻摩挲,诉说着:"懂得满足,方能避免无休止的自我折磨,释放内心的纷乱。"

"无须苦恼,振奋精神,我们的未来充满了无数机遇,让我们放眼当下,寻找真正的生活之道。"

我深情地对她说:"如果你认为你的父母在个性上还有欠缺之处,而你又想要改变自己,为什么不试着将二者的精华融合呢?"

或许是因为我们身处于多种可能性之中,需要考虑的要素过于繁多。稍有不慎，便会被琐碎的细节所迷惑，我们仿佛置身于一个既美好又危险的陷阱之中。一旦陷入其中，便会沉溺于甜蜜之中，对苦涩之味渐生厌倦之情，甚至不再能品味生命中的艰辛。这并非我们所愿见到的，我们期望大家能够平衡对待，兼收并蓄。

她感叹道："姐姐说得非常正确。尽管我已经很幸福，但我却无法意识到自己的幸福。而且我的性格确实需要改变，我有最好的模范可以借鉴。可是我却不知足。不止这些，直到我长大成家，都还没意识到父母在变老，没办法再像之前一样有求必应。一切都在变化，父母也很难再像小时候一样，我一遇到什么就会帮我解决，或者我想要啥就给我买。时间带来的变化使我渐渐地固守在自己的想法中，甚至认为父母为我买房本就是理所当然地应该做到的事情，所以当他们没有为我购买房子时，我潜意识里告诉我的是他们已经不爱我了，我甚至讨厌我父母，怨恨养我长大的父母，我没有想过我竟然会嫌弃自己的父母。当我恍然，才发现或许我的思想早已偏航了，只是我便不知而已？"

说罢，她抬眼看我，"我知道自己的不足地方有太多，但是我不懂该从哪里开始改。我要怎么做才对，我真的好迷茫……"

随着她述说，忧戚之情愈发沉重。我深深感受到她这几年来历经的挫折与惊吓，宛如在一道道困境中徘徊，她却始终找不到可依靠的支点,仿佛摸索所及皆是虚无。

在人生的道路上,我们难免会遭遇挫折和困难,感到自己犹如在虚空中徘徊,无法找到支撑自己的东西而倍感失落。

此时的女孩已经泪流满面,再也忍不住地号啕大哭,隐约间听到她哽咽的哭声:"不,我错了,对不起,我的亲人们,我不该出口伤人,我保证我会改变自己,不再重蹈覆辙,千真万确……"

我看到女孩满脸泪痕,心中充满同情。轻轻地,我伸出手臂,安慰地说道:"我并未感到你如自己所认为那般糟糕。相反,我看到了你内心深处的感恩之情。你了解自己的不足并努力改变,这一切并非为了自己,而是为了那些爱你的人。毫无疑问,父母都爱自己的孩子,只是爱的方式不同。我们无法改变他们的爱,但当我们与父母产生冲突时,我们要学会感恩他们曾给予我们的一切。就像你的父亲一样,他对你的言传身教慷慨无私,你从中学到了他的真诚待人的好品质。

"你的母亲,是一个坚强而有力的人,也许她的脾气不同于你温柔的父亲,但她肯定拥有着韧性和果断的性格。我们应当巧妙地结合她们的品质,毕竟在社会生活中我们需要展现出韧性去解决问题,而柔和的一面也同样重要。你很幸运,你的家庭拥有了这样美好的组合。因此,我们需要学会摆脱思想上的困扰,以便不至于沉迷困惑、茫然不知所措。这些才是你父母带给你的宝贵财富。"

女孩听我说完，眼中闪烁着惊异，仿佛不敢相信自己的耳朵。我继续道："你所表现出来的这种愿意为他人改变自己缺点的态度，是值得称赞的品质。毕竟，这种改变不仅需要很大的勇气和决心，而且还需要非常努力和坚持。不过，你已经做好了这些准备。"

"这是真的吗？"女孩望着我，思索片刻后点了点头，神情凝重，仿佛在深思："你说得没错，我伤害了他们，但我并不希望如此，我想要用心去爱他们。"

糖糖的脸上洋溢着迷人的笑容："爱有着融化一切的魔力。只要你真心爱他们，就会愿意为他们改变自己，哪怕这并不容易。"女孩目光坚定地注视着我，"我深爱着我的父母，即使面对困难，我也要不断进步，不再让他们伤心。"

倾听到我的言语，女孩内心的不安终于消散，此刻她眼中的光芒充满了满足和信心，迸发着坚定前行的热情。

"因为你的勇敢、懂事与孝顺，你已经得到了幸运的眷顾。你的父母对你的爱是如此真挚而温暖，这让你产生了自我认识与进步的冲动。我对你充满信心，相信你能成功地改变自己的坏脾气和不良习惯。"

女孩听到这些，心绪平和，满怀自信地询问："有了你的鼓励，我也是这么想的。但我应该如何行动呢？"

第二章 感恩苦难　　069

"遇到父母意见不同时,我们常常会情绪激动,容易做出冲动的决定。因此,建议你在这个时候缓缓自己的脾气,不要急于表达自己的想法,而是用一些缓冲的方式来给自己一些时间考虑。例如可以说'妈妈/爸爸,我需要一些时间来想清楚,可以让我们先把这个话题搁一下吗'等方式来缓和气氛。同时,拉开与父母的距离,不要一直争论,这样会让你们之间的关系变得更加紧张。此时可以选择出去散步、看看书、听听音乐等方式来缓解情绪。最重要的是,给自己一些时间去换位思考,用父母的角度来看待他们的想法和意见,这样能更好地理解他们的想法和想要传达的信息,从而使得双方更容易沟通和达成共识。"我解释道。

我微笑着回答道:"其实,解决这个问题并不难。当你感到愤怒时,找一个隐蔽的角落躲一下,不要在父母面前表现出脾气。无论你躲在哪里,只要达到目的,那就是成功。当然,这并非易事,需要你不断地克制并疏导自己。至少在你的脑海中,应该浮现这样的话'我不能对父母撒气,因为他们爱我,我也爱他们'。这种心态可以缓解你的糟糕情绪,这并不总是一帆风顺的,但长期的坚持训练可以帮助你成功改变这个坏习惯。"

糖糖毫不犹豫地说:"只要能改变坏习惯,我一定会努力。"

我注视着她,继续开口说道:"或许,你可以尝试着放下那些过去的执念,将回忆化作前行的动力,开启全新的生活。你会发现，前方道路上会有愈来愈多志同道合的同伴与你并肩前行，他们与你的三观相契合。我曾经也历经困惑的阶段，而在那段时间里，我的成长导师为我指点迷津，告诉我需要拥有感恩的心态，并在适宜的时机给自己一些奖励。起初，我并不觉得这容易，但多次尝试后，我发现一旦瓶颈期破解，事情的进展就变得异常清晰。因此，我现在过着自己想要的生活，既自在又充实。或许你也可以试着放下那些怨恨和过度的偏执，和自己和解，接纳曾经的自己，更要接纳现在的自己，为自己开启全新的可能性。我们应该心怀感恩，感谢那些曾经帮助过我们的人，无论是我们的父母、朋友，还是任何人，因为他们促使我们成了今天优秀的自己。"

这时，我看着糖糖更加坚定地点头，表示同意我的看法："你说得对，我需要感恩我的父母。我会与过去的痛苦说声谢谢，与未来的日子打个招呼。"无论未来如何，我们都应该时刻记得自己的根源，我建议你坚持写感恩日记，让自己变得柔软，去拥有对未知未来的弹性和勇气。

尽管身处不同的阶段，每个人都难免会有烦恼。但我们也应该明白：一直有人在默默地爱着我们。为了更好地进步，我们探索人生的过程永不停歇。这就需要我们不断自我提升，从中获取真谛。因此，满足现状也是我们需要学会的。

后来女孩告诉我，她终于鼓起勇气，向自己的父母表白："爸爸妈妈，对不起，我爱你们。"

　　这个向来不善言辞的女孩毅然拥抱了自己的父母，向他们坦白承认自己过去的自私和偏执。正如解铃还须系铃人，女孩的心结因此慢慢解开。当晚，她感受到了无尽的温暖，重拾了多年来已经遗忘的家的感觉。女孩明白了，只要有父母在身边，哪里都是家，哪里都能给予她心安的感觉。她从父母的眼中看到了自己，原来无论她成长到多大，对于父母而言，她永远是那个未长大的孩子。父母一直在原地等待她回家，她终于回到了他们的怀抱。

　　父母的无私奉献，我们接受恩惠；但当父母无法提供时，我们要怀着感恩之心回报。在我们的年少时刻，父母是我们家庭的支柱，为我们遮风挡雨。岁月无情，父母日渐衰老，容颜不再，身体逐渐弱化。作为孩子，我们要承担起责任和义务，而非不断索取。我们需照顾他们，创造安享晚年的生活，让他们无忧无虑。这样，我们才能避免父母因自己老去而感到害怕与焦虑。我们都在不断成长，但父母却在渐渐变老。这种时光的流逝无法避免。虽然父母的能力有限，但他们对我们的爱却是无尽的。我坚信，如果他们能够给予的不仅是金钱，甚至是生命，他们也会毫不犹豫地献出。我们可以想象，几年后，当父母白发苍苍，步履蹒跚，依靠拐杖向我们走来，最终离去，我们的内心会产生怎样的情感。此时我们不会再抱怨父母，而是深感伤痛、悲哀，思考时间流逝的无情。因为我们知道，父母和我们在一起的时间越来越短暂，我们希望时间停止，以便更多地陪伴他们，听他们讲述故事，倾听我们吐露的牢骚。

糖糖汲取了我的建议，将自己的性格打磨得更加灵活和坚韧。她已经摆脱了以往不好的脾气，回到正常人的生活轨道上，也更加善于自我管理，变得更加细心。与过去相比，她不再急躁发火，而是能够从容应对各种情况。每次见到她，我都能感受到她成熟女性的稳重魅力，让人不禁露出微笑。

她告诉我："一旦品尝甜味，我就想探索苦涩。"这番话让我充满了喜悦。她的变化神速，而她的父母依旧是优秀的、不失才华的，我相信，在广泛的帮助下，她定会变得更出色。

再次相见，她身上自信的光芒闪耀着，仿佛凤凰涅槃后的重生，展现着坚韧不拔的姿态；内在的力量照耀着四方，她的眼神如同明亮的星辰，透视着前方所有的阻碍，冲破桎梏指日可待。此刻的她比太阳还耀眼，炽热又不失风度。

我依然清晰地记得她那天的笑容，那是如此的清澈纯真，简单而又摄人心魄。我也记得糖糖向我宣告喜讯的那一刻，她说："我终于可以放下那段回忆，不再被它束缚，也不再去责怪他人。我不再执着于过去，不再担忧未来，只专注于当下。在这个过程中，我获得了很多的收获，我对真诚的力量越加坚信。因此，感恩的心将与我时刻相伴，我已做好准备去迎接新的人生。我感觉自己变得更加自信了，做事也不再像以前那样犹豫不决。我能够坚定自己内心的选择，相信自己的想法。即使面对模糊不清的情况，也不再苦恼，而是给自己更多的空间。过去，不管别人给我什么建议，我都听而不闻，更不会采纳。现在，我越来越喜欢这种对自己好品质的欣赏。毕竟，谁不喜欢这样的自我成长呢！"

时间见证了我们一同走过的万水千山。我相信她，也坚信她的未来会越来越明朗。那一瞬间，魔力环绕着她，仿佛她已羽化蝶破茧而出，踏上了追逐远方的旅途，这不正是心灵蜕变的过程吗？

众多难以言表和难以理解的疼痛，一旦被揭示，往往难以避免。但是，当你能够准确掌握度量，并经历了一个漫长的转变过程后，你就会发现这些疼痛只不过是过往云烟，无法与浮云一同乘风破浪。就像阴霾终将见到阳光，混沌也将冲破黑暗的束缚。

面对汹涌澎湃的爱意，我们该毫不保留地接受它，还是任其泛滥？在做出决定之前，让我们先明确一件事：我们需要的是健康的爱，而不是那种已经变质的感情。每个人的选择和经历都不尽相同。在现今物质的浮华社会，即使是穿过了繁花似锦的道路，也难免沾染一些尘埃。但令人担忧的是，有些人还没有走出这条路，就被其中的诱惑迷住了双眼。

一代比一代更强，无论是物质还是精神，我们的堡垒将变得越来越结实。当我们回顾旅途时，或许会发现许多奥妙之处、微小而珍贵的瞬间。我们应该珍视那些容易被忽视的父母，他们为了让我们过得更好而默默努力。作为新生代，我们应该怀抱希望和感恩，勇于探索迷途中的光明，发挥自身潜能，守护内心的旅途。每个人都是不可估量的个体，随时可能激发出自身的潜能。在追寻生命真谛的路上，我们需要勇往直前，同时也不忘寻找自己的根基。

在逐梦的道路上，我们常常会疲惫不堪，迷失方向，不知所措。但是，我们不能忘记我们的根在哪里，不能忘记那些无私给予我们爱、关心和支持的人，在我们平凡而又不平凡的人生之中，父母永远是我们最坚实的后盾。他们默默地支持着我们的成长，为我们创造一个安全、舒适的家。他们给予我们生命，让我们能够感受这个世界的美好，让我们拥有探险这个世界的勇气。

或许我们常常抱怨自己所拥有的不够多，生活条件不够优越，但是，我们却忽略了父母无数的付出和牺牲，为我们提供一个更好的成长环境。他们常常会在风雨中为我们撑起一把遮阳伞，保护我们免受风雨侵扰。他们常常会在我们面临挫折时给予我们鼓励和支持，让我们重新站起来迎接新的挑战。

因此，珍惜自己所拥有的，感恩父母给予的，是我们每个人应该做的事情。我们应该用我们的言行去表达我们对父母的感激之情，去回报他们的辛勤付出。我们应该用我们的努力去成为一个更加优秀的人，让他们为我们骄傲，为我们的成就高兴。

在这个新时代里，教会自己懂得更多，更珍惜、更爱身边的所有人，是我们必须学会的一件事情。因为，当我们懂得珍惜和感恩的时候，我们就能够更好地去面对人生中的挑战，也能够更容易地获得别人的支持和帮助。无论何时，我们都应该记得感恩父母的爱，珍惜我们所拥有的一切。让我们以一个感恩的心态，去面对我们的人生之路，去迎接新的挑战，去勇闯未来的征程。

理念解析：

在我们的成长过程中，难免会经历挫折，遭遇生活的不公，面对失败的打击和无法挽回的遗憾。这些经历让我们充满了怨恨和偏执，使我们产生对父母的不满和不理解。然而，当我们站在人生的另一端，回首过去，我们会发现，这些经历成为我们成长的阶梯，使我们变得更加坚强和成熟。

我们要学会放下过去的怨恨与偏执，接受过去的自己，也接受现在的自己，去理解和包容父母。我们要感谢他们在成长过程中的陪伴和支持，尽管我们可能不曾感谢过他们，但他们一直在默默地付出和支持着我们。毫无疑问，我们都会遭遇逆境，但是如何去面对逆境，如何去处理内心的怨恨和偏执，这是我们人生中需要不断地学习和领悟的。

人生是一场旅行，我们总是会遇到各种各样的风景和人物，但是，旅行的目的并不在于寻找完美的风景或遇到完美的人，而是在于自我领悟和成长。因此，我们需要学会感恩自己的人生经历，感谢父母和其他的人对我们的帮助，珍惜我们所拥有的一切。

从内心明白，苦难是让我们成为更好自己的进步阶梯。我们应该不断拥有一颗感恩的心，学会包容和理解，面对人生中的挑战和困难，以积极的心态去面对，这样才能真正成为更好的自己。让我们一起放下过去的怨恨和偏执，接受自己和父母，努力迎接新生的明天！

落地方案：

1. 每日主动与父母联系，连根养根，滋养自己生命之树的根。

2. 心怀感恩，每天写感恩日记。

苦中生菩提，苦中生智慧

清单·notes

清单·notes

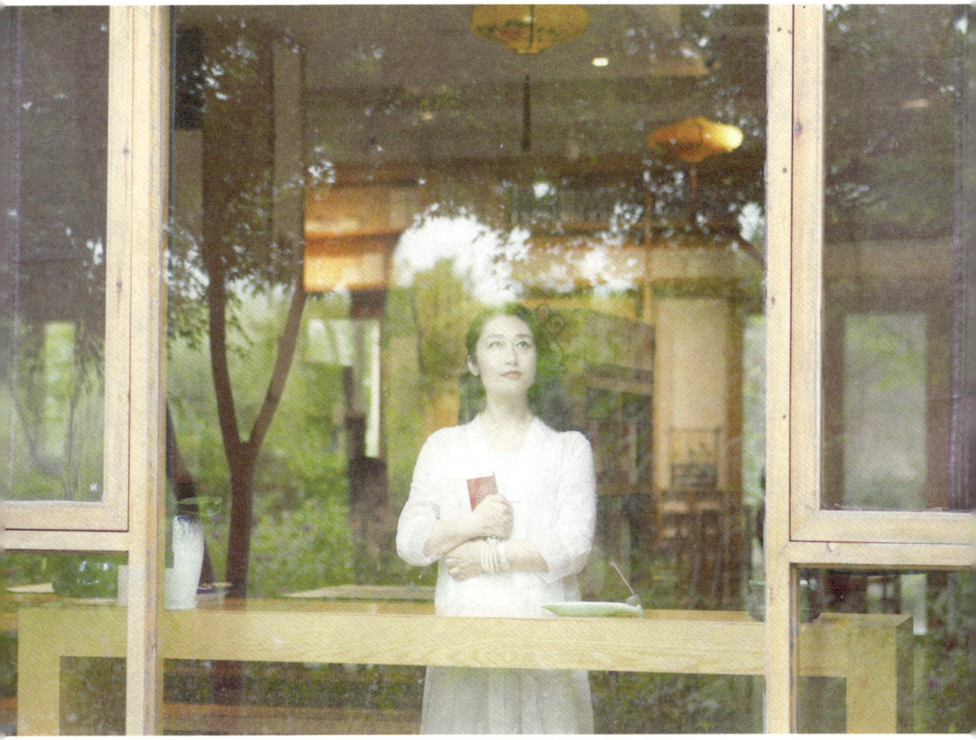

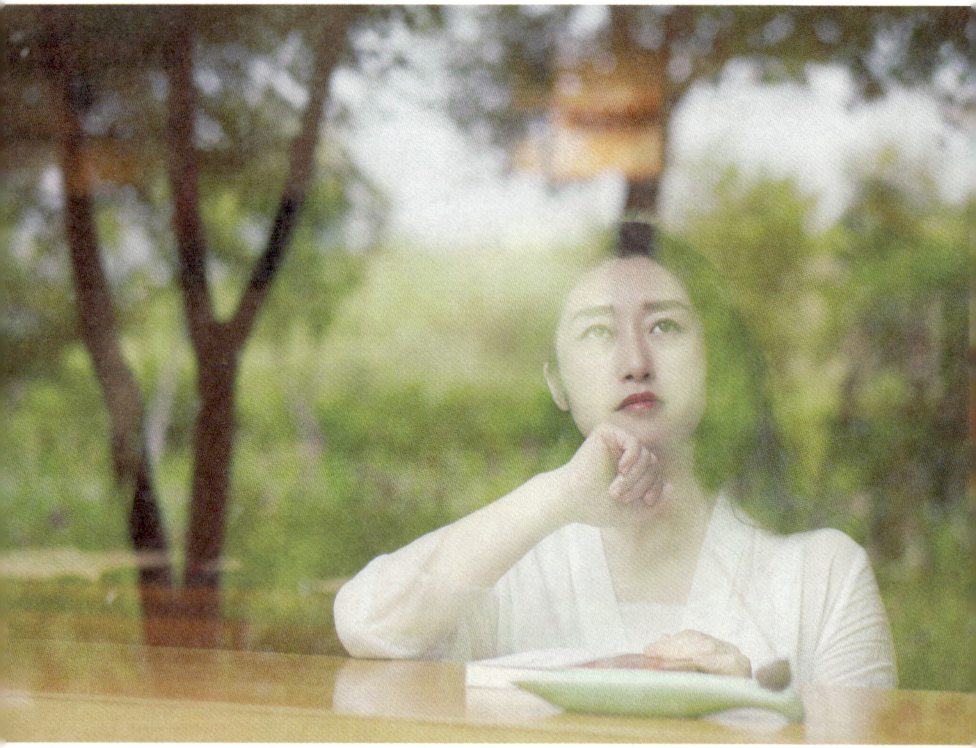

爱，是宇宙的意志！

第三章

恋爱美好

对过去说：恋爱是美好的事情，不要惧怕它

爱是宇宙的意志。如果你拥有美好的心性和宇宙意志协调和谐，那么你的人生必将充满光明和幸福。

无论何时何地，我们都应该时刻倾听内心的声音，尽早地发掘出自己真正热爱的人或事物，这样我们才能够在人生旅途中实现自己的价值和梦想。倾听自己内心的声音，我们每个人都有自己独一无二的个性和天赋才能，只有找到了自己真正热爱的事物，才能充分发挥自己的优点和才能，实现自己的梦想和价值。在年轻时就要开始探索自己的兴趣爱好，找到自己真正的热情所在，这样才能够走向成功和幸福。

走出阴影，勇敢追爱——我和青春期早恋的故事

  恋爱是一件自然而美好的事情，我们每个人都无法去控制它的发生，就像我们无法去控制我们去喜欢谁，喜欢便是喜欢了。可是越简单的道理，却是往往让我们所忽视的，甚至没有想到这样的忽视会带给我们什么样的后果，或许我们也可以说是过渡地将危害扩大，或许是过度紧张而引起了一些恶性的反应，而这种反应幸运地会随着时间的推移而消失，而有的人终其一生也受其影响，不敢去爱。

  破镜不能重圆，旧梦可以重温，揆诸当下，所有的坎终将会过去，虽然心坎难过，但是当我们尝试放下它，选择接纳它，并与它和解，我们便会迎接一个崭新的明天、一个崭新的未来。我曾经有遇到过这样一个朋友花儿（化名），她长得非常漂亮，容貌得体、成绩优异、工作体面，可却一直未婚。我们肯定都非常疑惑这么优秀的女孩怎么会是未婚。可当她找到我站在我面前时，我才深知美丽的外表之下，那颗早已将自己埋藏得残缺不全的心。一颗无法敞开的心，不仅对追求者冰冷回应，甚至对亲情、友情都不敢轻易去表达她的情感，而一切都只因为

第三章 恋爱美好 087 ·

她在情窦初开的青春期，因为一场恋爱的过往让她陷入泥潭之中而再也无法将心扉敞开。随后她便找到了我，让我为她疗愈这残骸的心。

那个下午，狂风暴雨，乌云压低，车流不息，行人匆匆。花儿约我在一家老咖啡店，店内并不热闹。我到达时，她已在那里默望窗外，修长的手指不停地摆弄着咖啡杯，仿佛要将杯子抠穿。我凝视着她那双深邃的眼眸，一眼看出了其中隐藏的恐惧、不安与痛苦。窗外的大雨愈发猛烈，敲打着窗户，如同无形的鼓点奏响着沉闷的曲调。

她紧紧攥着手中的杯子，眼神虚幻，我轻轻握住她颤抖的手，当时的自信在此刻消失殆尽。花儿仰望窗外，眼泪蓄积在眼眶里，悄然涌动着，生怕一不小心就会溢出来。

"曾经，我曾深深地爱上一个男孩。这份爱是那样纯真、那样干净。他阳光开朗，而我则与他截然不同。然而最终，我们被无情地分开，流言蜚语将我们分成了两个世界。老师、同学以及我的父母无情地将我们分开。我依然记得母亲当着所有人的面扇了我一个巴掌，她说我不知廉耻、没有羞耻之心。她甚至说，如果早知道我会变成这样的女子，当初就不该让我来到这个世界。我依然记得那天那些同学的鄙视与嘲笑，以及老师失望的神情。在那一刻，我的心碎成了无数片。

"我记得我亲口对他说，我们再也不要见面了，以后你不要再找我了。我还记得他眼中的悲伤,崩溃的心就像海水泛滥。我记得那晚的风刮得很响,就像是周围他们的嘲笑声;雨下得很大,就像是在为我扼杀的早恋哭泣。我不记得我是如何想结束自己的生命,我只记得只要看不见、听不见,就再也不会痛苦与难受,所以我选择了轻生。当我被救起的那一刻,我看到了母亲眼里的痛,我觉得我不配做母亲的女儿,我答应母亲,再也不会重蹈覆辙,我一定会成为她期望的那个孩子。

"后来,我终于成了母亲心中理想的形象,但是我却不敢大胆去爱或接受爱,因为我始终感到曾犯下的过错让我失去了被真正爱的权利。"

我注视着她,目光中流露出坚定而不可动摇的决心。

"每个人都生而有权获得幸福。这是上天赋予我们的礼物,就像爱和被爱一样,而你也同样如此。"

她仍心存疑虑地注视着我:"但是,我曾让我的母亲失望,也亲手扼杀了那个男孩的心。或许,我不配拥有幸福。"

我凝望着她:"你是勇敢的,你懂得心灵的归宿,知道如何给予真挚的爱和呵护。在这个世界上,懂得如何真正去爱和照顾别人的人已经越来越少,因此,你是美好的、优秀的。只是,那个故事发生在一个错位的时刻,这并非你的过错。你之所以优秀,是因为你明白爱的真正含义,懂得做出取舍。或许,你可以从父母的角度看待问题,每个孩子都是父母心中独一无二的，他们的担心是正常的。这只能说明，父母太过于爱你，比起生命，他们更加珍惜你。

"时间匆匆流逝，随着岁月的推移，我们留下的只有脚印。我们需要不断地自我接纳、和解，并且放下过往的虚无缥缈。恋爱是人生中美好而又珍贵的经历，不要害怕爱情。请跟随我，勇敢地踏上通向幸福的旅途。窗外的雨孜孜不休，灌注着大地，未曾停歇。"

花儿那郁郁寡欢的眼神望着我："我真的可以吗？可以再一次拥有爱情，值得获得幸福吗？"

"可以的，你放下过去，虽然很难，但是无论多难，我们都需要将它放下，我会陪着你，不仅是我，我相信你的母亲也与我一样有着同样的期待。"

她看着我，再一次问道："真的是这样吗？"

我微笑地向她点头："请相信我，也要相信自己。试着放下过去，勇敢地面对新的生活。你是一个值得被温柔以待的女孩子，因为你既善良美丽又足够出色。你有权利拥有幸福，所以请试着与母亲心灵沟通，接受那些苦苦追求的人，让心灵去做决定。毕竟，爱情是一种丰富感性的情感，无法用理智驾驭。我们只能感受和体验它，享受那份美好。不要害怕，时间会告诉我们答案。最重要的是，我相信我们所有曾经经历过的事情都是为了换取更美好的结果，这其中也包括爱情。"

我微笑着对她说，同时感受到她眼中的忧虑渐渐消散。乌云散去，世界唤来了灿烂的阳光，空气中弥漫着雨后清新的气息。

雨过天晴，出现了灿烂的彩虹，映衬着女孩此时此刻的笑容。或许放下过去，是女孩正确的选择，在我一次次的帮助下，重新将女孩的心捂热，一次次的温暖使她重拾自信。在最好的年纪，拥有了最美好的爱情。不论是女孩，还是我们大家，经历的不同，会出现不同的伤害，愿所有人放下过去，重回正轨，做最真实的自己。曾经的事都会随着时间而逐渐淡忘，我们需要望向前方，美好的未来才是我们需要抵达的彼岸。

在一次次心灵的洗礼中，花儿经历了自我的心理疗愈，从而勇敢地接受了过去的曾经。最终，她得到了一份珍贵的爱情，走进了婚姻的殿堂，拥有了一个爱她的老公和一个可爱的宝宝。当我收到她寄来的照片和信封时，照片的背面写着："谢谢您！我从未想过我可以成为一位新娘，更没有想过有一天可以成为一位母亲，这一切，都因为我有幸遇到了您！"

在后来的聊天中，花儿还说过，其实在那天之后，她还在犹豫，但最终还是渐渐地向父母敞开心扉。"我感受到了从未有过的快乐与幸福感，开始参与身边同事们的谈话，虽然一开始有些紧张、不适应，但很快这些感觉就消失不见了。父母也表示十分抱歉，自那以后，我才知道，父母一直都很爱我，生怕我在人生的转折点出差错。我很感谢在我的生命里遇到您,您是我在黑暗里的一束光,照亮着我不断前行,没有您就没有今天的我,十分感谢您!我会将您给予我的温暖与爱传递下去!"

我看着照片上的一家三口,欣慰地笑了。看到她从满目忧愁到现在洋溢的笑容,她获得了幸福,我也找到了我属于自己的生命意义,而我将会为这份生命的意义奉献我的一生一世。

在我们漫长的人生道路上,难免会遭遇阴暗的阴影,但只要我们抬头仰望,必能发现那温暖耀眼的阳光。

当我们回忆时,记忆中的早恋是我们青春里最美好的象征,恋爱没有对与错,只是它出现的时间与方式不同,所产生的结果也不同。因为父母的年龄与孩子的不同,存在代沟是必然,他们阻拦或许有错,他们只是过于爱自己的孩子,担心孩子遭受苦难,若当我们站在他们的角度,或许就能体会父母内心的无奈与焦虑,相互理解、坦诚交流,才能让我们的青春不受伤害,也让珍爱我们的父母不再忧虑。

与其彼此间的伤害与误会,我内心更渴望的是在任何伤害到来之前,能够摆脱苦难的纠缠。我同时也期望每一位朋友,通过心灵的疗愈,勇敢地释放过去的包袱,迈向幸福的前程。让我们生命成长的路上为自己增加一份勇气,因为比起过往,远方更值得我们所期待。

遇见的都是天意,拥有的都是幸运,不完美又怕什么,万物皆有裂痕，那是光照进来的地方。人的一生很短暂，我们要在短暂的时间里，做有意义的事。对于女孩而言，重拾幸福对她意义重大，那些坎坷终将成为她美好的回忆，爱情就好似一场梦，一旦醒过来就再也无法回去或者重新来过。

尽管饱经人生赛程的折磨，女孩仍然留存着幸福的滋味。我心之所愿，愿将笑容与拥抱传递，带上温暖，散发爱意，令世界更美好。

像少女一样，她将所得的温暖和爱传递出去。青春正盛、年华正茂，愿天下有情人终成眷属，不为世俗所困扰，所求皆能如愿，所愿皆能实现。经过心灵的洗礼，涅槃重生，重新追逐属于自己的幸福。这便是我人生中的意义所在。

漫漫人生路，修行崎岖艰辛，但观美满幸福人生，让我感慨良多。短暂人生，酸甜苦辣尝尽，却依然热爱生活。青春年华，大胆面对情感，敢爱敢恨，自信自强。在热情洋溢中，高歌一曲，畅饮一杯，怡然自得。

欣赏大自然，享受人生，不断学习经营自己的生活，让以往的阴影烟消云散，仰望星空，放得始终。在遇到像类似难以克服的困难面前，重新开始增添自信，保持初心，尝试着去理解父母的做法，相信爱情，因为爱情是美好而伟大的，我们要做的就是去接纳它，完善自己。

我们会遇到那个特别的人，唤起我们心中的涟漪。恋爱深入我们生命中的每个角落，而失恋则成为它的前奏。虽然恋爱有时会让人伤痕累累，但美好的经历总是值得期待和珍惜。我们不应该惧怕恋爱，而是从过去的经验中吸取教训，为未来收获更美好的风景做好准备。无论我们经历了多少困难，遇到了好或坏的人，我们都应该坚信这些经历都有它们存在的价值和意义。这正是我希望看到的。

若爱情如大海，渐行渐远，终将有彼岸；若爱情无尽头，恰是我们最美妙的时光；若爱情犹如光束，照亮前路，助我们前行。我们穿越时光隧道，缓步前行，展开双臂，抓住青春的碎片，在自由的漫步中尽数释放。在光阴荏苒的岁月里，我们哭泣，笑容满面，曾感迷茫、害怕，但在回忆中，这一切都成了珍贵的经历。当遇到困难，不应退缩。正如稻盛和夫老先生曾言："当你遇到看似无法克服的困难，而以为已经到了尽头时，其实这是重新开始的起点。"

轻柔的清风轻轻吹拂着路边枯叶，让它们随风翩翩起舞。年轻的我们还未经历人生的重重波折，恋爱对我们而言不过是生命中的一件小事，然而，面对早恋这个话题，我们却被外界的诸多流言所纠缠，如同地狱的恶魔，让原本缺乏自信的我们倍感煎熬与痛苦。于是，美好的青春年华，就这样被我们无法理解的恐惧、逃避与焦虑所占据，就这样在无尽的痛苦中渐行渐远。作为一名幸福生命导师，我深感遗憾与怜悯，因为他们的内心已经被伤害得无法自已。但是，我愿意用我的心灵之力去帮助他们，填补他们心灵的漏洞，让他们重拾自信、破除心中的枷锁与桎梏，迎接更加美好而充实的未来。

告白心动，勇敢而来

　　虽然我们常说"往事随风"，但我永远也不会忘记一位女性朋友曾经对我说过的话。她告诉我，尽管过去已经不再，但每次想起那段经历，她仍旧感到心有余悸。感谢我的及时帮助，她终于将那股妖风化解为美好的和风，希望又回到了她的生活。我的出现不仅拯救了她，也拯救了她的孩子和她的家庭。

　　愈合是我希冀将赋予每一位需要协助的人们，助其自我救赎、解脱束缚，化解人世的痛苦。这项使命彰显了我个体的价值，而在施行救助的过程中，我同样感受到了回报，赐予我微笑、感激和我内心的满足。

　　每逢初遇，她们或泪眼婆娑，或彷徨失措。此时，我的内心总是揪动不已，可对于一位专业的生命成长心理疗愈师来说，这并不是什么好事。但我从不掩饰自己的情感，我要了解她们的想法，知晓她们渴求的东西。我将自己的情感分享给需要帮助的人，竭尽所能，为之付出真心。我迫切希望，她们也能交付真心。只有这样，我才能真正助她们于困境中摆脱困境。

　　这位母亲也是一样，初见时，满目的不安和内心的焦虑不禁显露在她的眼神里。我没有多言，只是凝视着她，微笑地说道："别担心，无论发生什么，我都会与你同在，请相信我。"

她的目光与我相遇，四目交汇，一瞬间，我从她的眼中瞥见了惊讶的神色，紧接着是逐渐消散的疑虑和渐生的信任。她微笑着向我点头示意，打破了长久的寂静。她向我倾诉了她的烦恼，她的女儿爱上了自己的好友，而她却无从处理。那个故事充满了矛盾的情感、纠结的境地、迷茫的疑惑和无助的无措。

故事这样的：她是一个慈爱的母亲，和正在读高中的女儿的感情一直很亲密。虽然她是女儿的母亲，但她们之间却像朋友一样。女儿总是在她面前敞开心扉，向她倾诉内心的秘密。就在最近，女儿向她倾诉了自己暗恋好友的事情。然而，她却出乎意料地对女儿进行了批评和指责。她说她不知道为什么要这么做。在听到女儿暗恋的事情后，她的内心充满了某种无法言说的恐惧感。这种恐惧感侵占了她所有可以思考的大脑。她所能做的只有指责和漫骂，即使看着女儿泪流满面，惊恐不知所措的眼神看着她，她也没有停止对女儿的伤害。直到女儿再也无法忍受，抱怨："妈妈，我是因为信任你才告诉你，但你为什么要这样对我？难道我喜欢上一个人就是错吗？"

在接下来的几天里，这位母亲和她的女儿之间仿佛变成了陌生人。女儿躲避着她，见面时低着头默不作声。这位母亲向我发问："我……我做错了吗？"

我注视着这位母亲，安慰她说："母亲的爱是最伟大的，每一个母亲都深深地爱着自己的孩子，而您也一定深爱着您的女儿，对吗？"

她点点头："是的，为了她，我愿意付出一切，甚至我的生命。""她所渴望的并不是你的生命，而是你的理解。我不得不羡慕你，你有一个如此信任、热爱你的女儿，否则她也不可能把如此私密的事情告诉你。看到这一切，我为你感到开心。"

她的眉头紧锁，显得有些不解："我女儿有什么值得我庆幸的事情吗？"

我轻轻一笑："难道您不应该为您的孩子有喜欢的人而感到高兴吗？她对某个人产生了好感，这意味着她心底有一份爱。而这份爱是从她成长的环境中得到的熏陶和启迪，您和您的伴侣之间的良好关系为她带来了积极的影响。其次，拥有爱的能力，需要内心深处的责任感和对未来的期待。我相信，您的女儿必定拥有这份神奇的能力。更重要的是，她年轻，才十几岁，这是多么美好的年纪啊！她所喜欢的人一定也是非常优秀的，这份感情是纯洁无瑕的，不掺杂任何杂质。因为喜欢而喜欢，这份喜欢都将成为她人生中最美好的一段故事。无论她们的未来如何，是否可以终成眷属，这份喜欢都将是孩子人生中最美好的一段故事。

我们曾经年轻，亦深谙年少时钟情之滋味。当初邂逅挚爱，心底涌动的滋味是岁月流转间依然甜蜜的记忆。现在,想象一下,几十年后,当女儿已成长为母亲,而自己亦已经迈入老年,坐在阳光明媚的午后,抱着小孙女谈论往事。她轻声细语地讲述:"奶奶那时候钟情于一位男孩,他英俊潇洒,成绩优异,令奶奶倾心不已……"

我一番话让这位母亲恍然大悟,目光中流露出一丝欣慰。我知道她的情绪此时比之前舒缓了不少,便继续道:"您的女儿对您如此信任,实在是一种幸福和荣幸。我也明白您对她的爱胜于对自己的关怀,因此也理解您的担忧。但是,若您过于指责女儿,恐怕会让她感到沮丧和失落,影响她的学习成绩。难道您不觉得这样做同样会让孩子感到难过吗?"

她微微点了点头,对我说:"那么,我该怎么做呢?"

我凝视着她:"你能否告诉我您希望达到的目标?是让她不再喜欢吗?还是让她忘却喜欢的人呢?但是,感情并非我们所能控制的事情,何况她还是是一个孩子?您这样做只会让孩子感到困扰。或许孩子和您一样面临着相同的难题,这也是她向您求助的原因。因此,我建议您先将孩子视为独立成年人并与她进行交流,听取她内心的想法。不要过早评断孩子的对与错,只是与孩子聊聊天,您觉得呢?"

经过一番思考,这位母亲终于与她的孩子进行了一次深入的谈话。在女儿回家时,她准备了一顿丰盛的晚餐,并在女儿进门的那一刻，向女儿忏悔："对不起，是母亲做错了，请原谅母亲。"

这句简洁而含蓄的道歉，让她与女儿之间的所有矛盾得以消解。女儿听到母亲的道歉后，再也无法抑制自己的情感，哭着跑到母亲的怀里，一边委屈地抱怨："妈妈，我以为您不爱我了，我以为您再也不理我，对不起，我也不想这样，但是我真的控制不住，我很害怕这样的感觉。"

"对不起，孩子，母亲做错了，但无论发生什么事情，您都不要怀疑母亲对你的爱。"母亲柔声安抚着女儿，倾注心力为两人间的关系注入新的活力。她紧紧搂着孩子，深刻认识到她的暗恋所带来的伤害远远超乎她的想象。当晚，她与女儿展开了一场真挚的谈话，好奇地询问女儿心仪的人是谁、相貌如何，以及是何等的男孩可以抓住她优秀女儿的芳心。而后，她的女儿坦率相告：她钟情于自己的好友，因为他不仅照顾她，陪她上学，还一起讨论问题。久而久之，女儿的感情发生了微妙的变化。于是，两人度过了欢乐美好的夜晚，彼此之间的芥蒂也随之消解。

之后，她向我请教如何处理女儿的感情问题，因为她的女儿对于是否向心仪的男孩表白感到犹豫不决。

于是我问她："您和您先生的爱情，您能够掌控吗？"

她微笑着回答："无法自拔。"

我接着说："既然您也无法自拔,为什么不给女儿自主选择的机会呢?如果您相信您的女儿,就应该支持她做出自己的选择,无论她是否恋爱,您都是她的坚强后盾。如果她恋爱了,您作为智慧的母亲,应该引导她和那个男孩一起为未来实现理想而奋斗。如果她没有恋爱,那么您永远都是她的支持者和依靠。"

这个孩子是一个勇敢的孩子,面对喜欢的这件事情上,她做得很果断,她选择了告白,可是没有想到的是,她遭到了男孩的拒绝。男孩说:"对不起,我一直把你当成好朋友,从来没有考虑过恋爱这件事,真的很抱歉。"

幸运的是在女孩表白之前,她的母亲写了一封信给女儿,内容如下:

"孩子,有些话,妈妈不知该如何告诉你,所以妈妈选择用书信的方式来表达。妈妈曾经和你一样也喜欢过男孩,但妈妈没有你的勇气。当时,暗恋是一种不被接受的感觉,所以妈妈现在以过去的经验来看待你所喜欢的人。妈妈很抱歉,但作为母亲,我必须告诉你可能会面对的情况。你很勇敢,选择了告白,把你的爱说出来。但是,这也有一定的风险,因为恋爱需要两个人的喜欢,而你只是单方面的喜欢。如果你不幸被拒绝,这并不是你的错,也不是因为你不够优秀,每个人有自己不同的喜欢感觉,这不是我们能控制的。所以即使表白失败了,也

第三章 恋爱美好

不要自责，妈妈可以向你保证，这跟你一点关系也没有，因为你是优秀的。如果你成功了，作为母亲，我会为你高兴，但同时也会为你担心。我担心你因为恋爱而影响了你的学业，特别是现在你正处于最关键的高中阶段。如果你成功了，我希望你们可以拥有共同的理想，为了这个理想而努力，让恋爱的力量推动你们的前进。我相信你，你不会让我失望的。"

当这位女儿的告白失败后，她并没有沉浸于失败的情绪中，也没有让失败影响她的进取心。她仍然是那个阳光、努力向上的孩子。收到这位母亲的感谢信，我感到非常高兴。我衷心感谢这位母亲听取我的意见，并给予孩子足够的信任和自主选择的权利。很多时候，我们在未行动之前会过度思考，想象一切可能的好与坏，顾虑是必要的，但是因为它们而退缩，我们必然无法获得期望的结果。

每个孩子都是父母心头的至爱，在孩子成长的过程中，父母总会倾注所有心血，因为我们深爱着他们。这种爱是必然的，但是我们作为父母，也应该思考如何更好地陪伴孩子成长，而不是成为他们成长的阻碍。过度的细心照顾会变成溺爱，而恰当的关注则能给孩子提供独立思考的空间。父母要学会适当地放手，给孩子更多的信任和承受困难与挫折的机会。

温室中的花朵，一旦离开庇护，便难以挣扎生存。然而，作为父母，我们并不希望自己的孩子成为温室中的花朵。自然的洗礼与风雨的浇灌，是成长必然的途径。我们要相信孩子会在必要时向我们求助，并温暖地给予正确的引导。我们需要帮助孩子独立面对困难，同时传递给他们充足的信任与温暖。

就像前文中所描述的那位少女，在面对情窦初开之际，她心中感慨万千，既是兴奋又夹杂着些许迷茫。因此，她毅然向母亲求助。我们可以想象，若是这位母亲没有及时给予正确的引导，而是一味偏执地固守自己的想法，那么少女和母亲将会面临何等局面？少女将陷入情感信任危机，母女关系也会因此受到极大的影响。少女或许会因迷茫而失去自信，或因心仪的人的拒绝而感到自卑，这些都是对她无法估量的伤害。因此，在孩子情感发展的关键时期，正确的引导和帮助是至关重要的。

青涩的恋爱时光，探寻早恋的真相

  我记得曾经有一个朋友对我说过这样一句话："每一个女孩的心里都有一个成为新娘的梦想，而每一个男孩的心里都有一个成为英雄的期待。"

  以前我并未领悟这句话的深刻内涵。然而，随着我步入幸福生命心理疗愈师的职业领域，越来越多的孩子向我寻求情感问题的帮助，我渐渐领悟了其真正意义。女孩们心中憧憬着被呵护的美丽，柔软细腻的呵护和被疼爱的幸福感都蕴含其中。尽管如此，她们仍是美丽的存在。男孩们内心向往英雄，象征着勇气、责任和守护。这份期许在每个男孩心中都有一个父亲形象，它深刻地影响着每个正在成长的男孩。与女孩不同，男孩展现出一种特殊的能量，表现在于他们心胸的开阔、守护意识和希望成为女孩眼中英雄的渴望。因此，对于正在经历情感波动的男孩而言，父母需要如何正确引导呢？

  曾经有这样一个男孩，眸间倒映着精致绝美，但缺失着幸福的光彩。在他的眼眸里，我意识到沉重的痛苦、无尽的纠结以及满心的失落。尽管言语寡淡，但他留下了令我终生难忘的两句话：其一，"请与我父亲谈谈"；其二，她"赋予我勇气，令我感受到自己的勇敢"。

听到第一句话时，我感到有些好奇，但当第二句话轻轻落下时，我的内心被震撼了。这两句话蕴含的信息太多了，我可以从中推断出几种基本信息：首先，他在遇到女孩之前似乎并不认为自己是个勇敢的人；其次，是什么原因导致了这种想法呢？最后，他与父亲之间到底发生了什么事情？

在那个男孩将他的内心深处的秘密向我倾诉之前，我发现他已经将自己的心灵紧密地封闭了起来。这位即将成年的孩子来自一个单亲家庭，并由他的父亲抚养长大。在过去的17年中，他与父亲的关系一直非常好，他成绩优秀，听从父亲的话，然而，他内心深处清楚地知道，他的表现只是为了减轻父亲过多的担忧和忙碌，他不想让父亲因为自己而担心。孩子深深地感受到了父亲身为双亲的辛劳，他不仅工作出色，还能照顾好孩子的生活和学习，这真的着实不易。

"其实……我是很自卑的，我……"

孩子的话语在喉咙处打结，但很快又迸发了出来："我的内心深处充满着不安和敏感，总是担心着别人的评价。当同学们谈论家庭时，我总是躲在一旁，不敢加入讨论。有时候，我甚至怀疑自己的勇气和决心。"

我深深感受到孩子对于自己情感的坦诚和勇气，这让我十分钦佩。

"我几乎没有朋友,很孤独。但某一天,一位天使般的女孩走进了我的生命,让我的生活变得充实起来。她阳光可爱,美丽动人,说话不停。和她一起,我只需要静静地听她讲话、看着她,就感到世界变得美好起来。"

男孩说完,阳光般的笑容洒满整个房间。

"在她眼中,我是一个优秀、耀眼、勇敢、善良的人。在她身边,我找到了自信、觉醒了自我,发现了自己身上闪烁的美好光芒。我很喜欢她,和她在一起我感到格外幸福。"

"然而,我父亲非常反对我和她的爱情。这让我感到十分痛苦,我不想让他伤心。她是我心中深爱的女孩,您能否为我指引一条出路呢?我毕竟深爱着我的家人和她。"男孩无可奈何地问道。

"亲爱的孩子,也许事情并没有你想象中的那么糟糕。"我缓缓说道,"恋爱是一种美好的情感,代表着你心中有一个深爱的人,并且你有足够的勇气和责任来承担这份爱。我相信,你的女孩也能感受到你给予的幸福和安全感。"

男孩聆听着我的话,心情渐渐明朗起来:"是的,您说得太对了。我非常喜欢和她在一起的感觉,每次见到她都让我感到无比愉悦和踏实。而她也告诉我,只要我们在一起,她就感到最幸福和最安全。但是,我的父亲强烈地反对我们在一起。我和他谈了好几次,但他依旧不同意。我也不希望和他起冲突,这让我感到非常苦恼。"

美好的人生是每个人心中向往的。然而,如何才能享受美好的人生呢?有人认为,财富、地位是关键;有人认为,幸福的家庭和完美的爱情才是要紧。然而,我深信,要想过上美好的人生,最重要的是要有爱的陪伴。

美好的人生,并非来自追求物质上的奢华,而是源于心灵的满足和感动。像这位伟大的父亲一样的人们,他们的言行举止,成就了这个世界上最美好的价值。在这纷扰的尘世里,我们需要不断地去探寻和发掘这样的美好,去把握和珍惜它们,不停地将其回味。我坚信,只有在充满爱意和感动的人生中,我们才能真正理解生命的价值和意义。生命中的每一点滴、每一个温馨的细节都是无形的财富。在这样的人生里,我们无须寻求过度的刺激和刻意的挑战,只用温柔的目光去看待世界,用真诚和慈爱的态度去待人接物,用心灵和情感去品味人生的多姿和美好,我们就能过上真正的美好生活。

为了处理孩子的问题,我与孩子的父亲在咖啡馆约见。他戴着一副眼镜,身材高瘦,脸上留下岁月的痕迹。我向他解释了邀请他的原因,因为有时候我们需要以柔软的方式解决棘手的问题,这样才能让事情得到温和的解决。

"您或许不知道,您的孩子在学校里过得不开心,他的内心一直很自卑。因为没有妈妈，在他最孤独最艰难的时候，有一个女孩出现了，一直默默地陪着他、鼓励他，用她最温暖的笑容治愈了您的孩子，这就是您的孩子为什么会早恋的原因，不是因为冲动，而是因为被爱着，所以他也学会了去爱。或许您很爱您的孩子，但是很多的时候，我们因为爱而忽视了理解孩子、尊重孩子。您很幸运，因为您的孩子懂事且孝顺，他知道您很辛苦，一个人带着他还要工作，做家里所有的事情。他心疼你，所以他不开心、难过、痛苦、伤心都不愿意让您看见，因为他知道您知道了会比他更难过、更伤心。"

之后，我将男孩对我说的话、说的故事一并说给了孩子的父亲听。

孩子的父亲很久很久没有出声，可是我却感觉到了他身上散发出来的自责和伤痛。

孩子的父亲深深自责："我并非是一个称职的父亲。我从未想到，他在学校居然隐藏着这么深的感情世界，我毫无察觉，一切都和我以为的完全不同。更令我没有料到的是，他竟然会陷入爱河。当他向我坦露早恋的消息时，我措手不及，所以一时反应不及，不仅没有为他提供必要的支持和鼓励，反而一时之间失态，不仅责骂了他，还动了手，我实在是不该如此冲动。"

看着孩子父亲的难过，我安慰道："这不能怪您，孩子太懂事，故意在您的面前隐藏他不想让您看到的。但是很幸运的是，他觉得幸福的事情希望与您分享，就像他恋爱了，或许在孩子看来，这也是一种成长的标志，就像男士抽烟的成年礼。"

孩子的父亲说完，看了我一眼："他一定很失望吧。"

我笑了笑："他对您从未失望，您在他的心里永远无人可以替代，他尊重您，更加敬爱您，他害怕让您失望，或者更害怕失去您。他很爱您，也理解您，但是对于孩子而言，那个女孩也很重要，可是现在他最爱的，也是最信任的人要让他做出选择，我觉得没有比这个更残忍的事情了。"

孩子的父亲："我是个单身父亲，妻子在我儿子出生后不久去世了。我一直觉得孩子应该有一个家庭，应该有一个母亲。所以，我就让他多参加一些活动，希望他能结交更多的朋友，以此来寻找他的另一半。"

我深深地感动了。在这个快节奏的社会里，很少有人能够像他这样，把孩子的成长放在首位，把孩子的心理健康放在更加重要的位置。他没有为了自己的利益去追求财富和地位，而是为了孩子的幸福而努力，这种美好的行为和精神让我敬佩不已。

我微笑："但是这便不影响孩子爱您的心，但是我更觉得您与孩子需要好好地沟通，可以告诉他，您的真实想法，孩子比我们想象得要坚强、要勇敢、要有担当，更或者您可以与孩子聊聊关于自己的故事、自己曾经的青春，这也是用另外一种方式告诉孩子什么是责任感和担当，告诉孩子您期待着他长成，成为一个成熟、理性、有担当的男人。"

孩子的父亲听到我的话，眉宇间展了："谢谢你，老师，我想我知道该怎么做了。"

看着父亲展开的眉头，眼里闪现的笑意，就像是阴霾密布后的彩虹。或许对每一位父亲来说，孩子的恋爱都是一个不期而遇的难题，担心孩子的学习受到影响，是很重要的原因之一，但是更重要的也是因为爱着孩子，内心中期盼着孩子可以快快长大，另一方面又担心孩子真正地长大而离开自己，这就是父母的心。

孩子也总是会长大，会有自己成长的路程，那条路终是需要他们独自去走，因为这是属于他们的人生。即使作为父母的我们，也无法去微孩子选择走什么样的人生，我们能做的是鼓励与支持，告诉孩子前方的路很长，或许路上会遇到很多的事情，但是无论遇到什么事情，父母终究在他们的身后默默为他们守候。

早恋一直以来都是家长心中的一块敏感的痛。他们担心孩子因此荒废学业，受到伤害，甚至跌入"不良"的圈子。然而，我认为早恋并不可怕，有时候甚至可以理解。早恋是一种感情，是青春期的探索和尝试。这并不意味着孩子会冲动，做出荒唐的决定。相反,早恋有助于孩子更好地了解自己的情感需求,学习如何和他人交往,并慢慢成长为一个相对独立的人。当孩子有喜欢的人时,作为父母的我们,应该感到高兴,因为孩子懂得了喜欢,这是幸福的开启。当孩子遇到喜欢的人并开始交往时,作为父母的我们,也要感到欣慰,因为孩子开始学会了去爱别人,此时的孩子会感受到一种前所未有的幸福感。他们会变得更加自信、快乐,并且积极面对生活中的一切。他们会学会包容,谦让,会学会珍惜。

若是父母在孩子人生的岔路口给予正确的指引,在感情上给予正确的指导,即使孩子遇到挫折也不会因为挫折而失去信心、失去自我。或许父母们都已经知道结果,或许会不尽人意,可是我们可以有更好的选择,我们可以给孩子建议,她做的选择很可能会出现某些情况,在做事情之前,让她去做抉择,并且告诉孩子,选择了就要勇敢地去面对很可能会出现的结果,即使那结果不如我们所期待的那般,我们也要勇敢地去面对,因为这就是成长的必经之路。

每当我望着蓝天,我总是会觉得生命的神奇与莫幻,我每一天都在问自己,收获了什么,而从未告诉自己丢失了什么,因为我相信我所丢失的都将会成为另外一种收获,就如我今天收获了微笑、收获了感谢,对于我自身而言,收获最多的是我用我的内心的能量帮助了需要帮助的人,因为帮助让我有了更大的存在价值,而这份价值也让我变得越来越美好与富有,而这也是一种心灵能量的传递,人与人之间心灵能量的同频共振。

理念解析:

我们都曾经年轻,经历过被情感左右、陷入早恋泥沼的时期。如今,我们已成为父母,面对孩子的早恋问题该如何应对呢?首先,需保持理性平和的心态。早恋是孩子成熟过程中的一部分,我们不应过度干预或激烈反对,而应给予他们支持和理解。其次,我们应认识到喜欢是人类固有的本能,不应因此误解孩子、阻碍其发展。相反,应以包容的心态对待,给予适当的引导和建议。最后,我们需要欣然接纳孩子成长的现实,为其提供必要支持,同时引导他们树立正确的恋爱观和健康的人生态度。成熟、理性、包容的态度是解决孩子早恋问题的关键,也是保持家庭和谐的基础。

落地方案:

场景模式——儿子

儿子,你已经上高中了,开始有了自己的想法和感情,这是很正常的。我能理解你的早恋心情,因为我也经历过。但是作为你的父亲,我需要和你探讨现在和未来对待感情的态度,教你成为一个负责任的男人。

爸爸与孩子一起坐在阳台上,爸爸递了一根烟,深吸了一口,然后望着远方说道:"儿子,你现在追求的是一种情感上的满足,但你是否想过,这种满足是否值得付出全部的时间和精力?你是否有考虑过将来的责任和担当?

"儿子,我不是反对你谈恋爱,我只是希望你能够对待感情负责、认真,不随便玩弄别人的感情。我也希望你能够放下那些不良的习惯和影响,在爱情和生活中选择健康、积极、负责任的态度。

"儿子,你是一个成长中的男人,需要肯定和鼓励。我相信你能够面对自己的感情,并做出正确的判断。我也相信你会成为一个有责任感、有担当的男人。所以,请相信我,爸爸会一直支持你,信任你,欣赏你。"

此时的爸爸拍拍儿子的肩膀,让儿子更有自信地面对未来。

理论指导——女儿

当我们听到女儿早恋的消息时,内心难免会有所担忧和不安。毕竟,年龄尚幼的女孩子,往往容易被感情所左右,而这种感情往往带有欺骗和伤害。然而,作为父母,我们要冷静分析,理解女儿早恋的原因,从而制订出合适的落地方案。

首先,我们要先聆听女儿的心声,尊重她的感受。女儿正处于青春期,情感方面的需求和探索自我的欲望是非常强烈的。

当她和我们谈论自己的感情时，我们要给予她足够的环境和时间去倾诉。同时，我们也要尽力去理解她的感受，让女儿感受到我们的接纳和欣喜。

其次，我们要用身教去影响女儿的观念。不要只是简单地说教，而应该通过现身说法，让女儿能够更加深刻地理解人生中的感情。我们可以和女儿成为闺密一样的关系，分享自己年少时的经验和故事，告诉她我们也曾经有过自己的追求和心动，从而让女儿更好地理解和体验感情的复杂性和美好。

最后，我们要保持好奇的疑惑和警觉性。尽管女儿和我们有很好的沟通和交流，但我们仍然需要保持一定的警觉性。我们应该鼓励女儿多认识一些朋友，扩展自己的社交圈子，让女儿在多样化的环境中接触不同类型的人。同时，我们也应该用好奇的疑惑去了解女儿的生活，关心她的朋友圈子和学习情况，从而给予恰当的引导和帮助。

理解女儿早恋，需要我们从内心出发，用宽容和关心去引导女儿，打造一个开放、包容、理解的家庭氛围，让女儿在成长的道路上能够感受到爱和支持。

爱就是利他

清单·notes

清单·notes

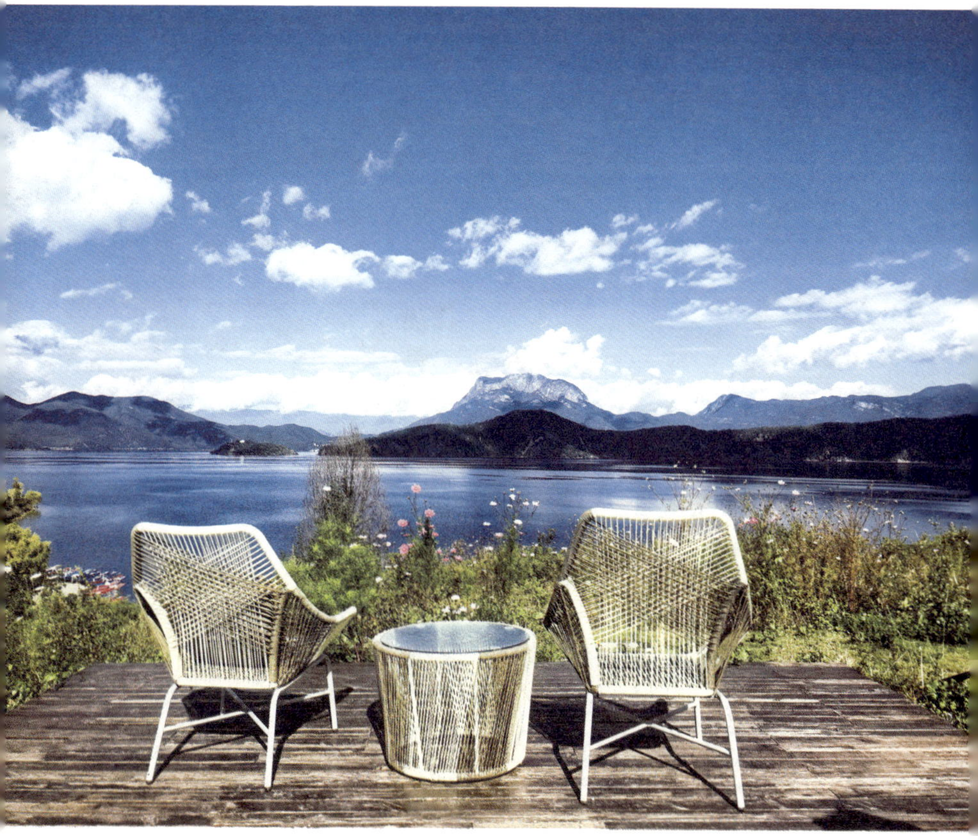

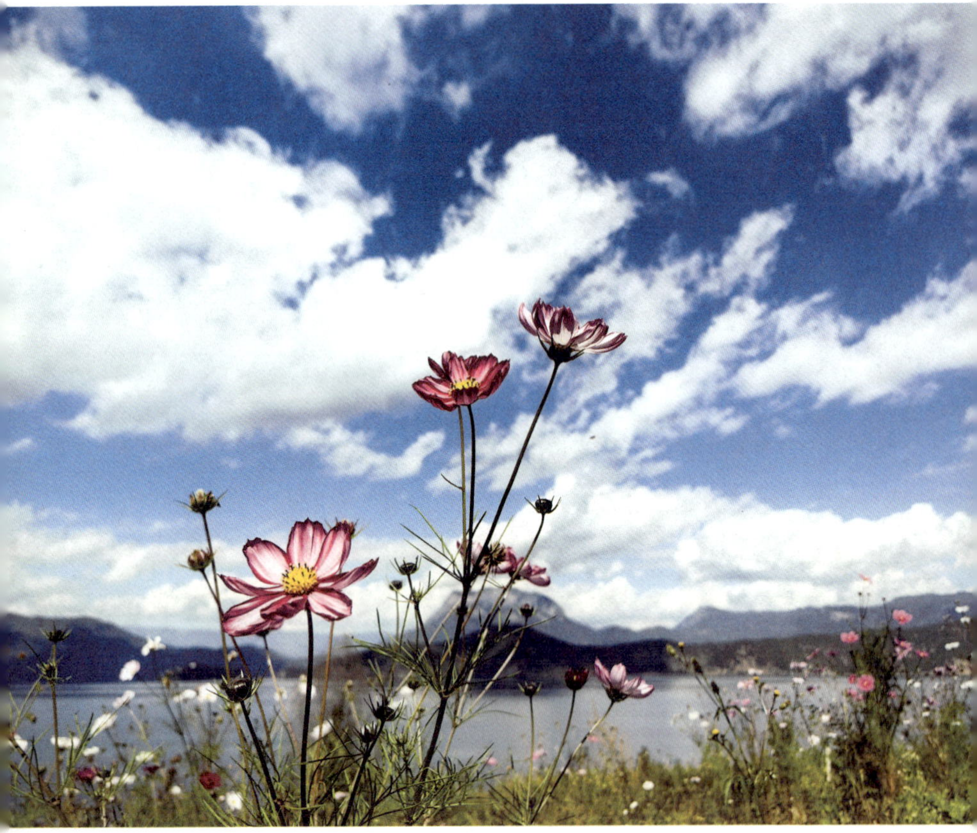

境由心生，境由心造

第四章 继续美丽

结婚以后的我,还能继续美丽吗

境由心生，境由心造。

在我们漫长的人生旅途中，心灵的力量是我们永恒的动力。它代表着我们坚定的信念，让我们在人生的波澜中不至于迷失方向。当我们遇到险阻时，微笑赋予我们无限的勇气和力量，让我们锲而不舍地前行，不断挖掘自身的潜力和价值。然而，这种坚韧的微笑并非简单的嘴角上扬，而是蕴含着无尽的信念和勇气，在我们内心深处燃起了无穷的力量和支持。

在人生旅程中，我们都难免会遇到重重坎坷和险阻，但只要我们心怀微笑，便能踏着勇敢的脚步跨越所有的难关，最终抵达理想的彼岸。心灵的力量使我们更加坚定前行的目标和方向，增强自信、毅力和乐观心态，让我们能够在逆境中迎刃而解。这股力量不断推动我们成长和提高，让我们变得更加强大。

人生中最美妙的经历，莫过于从挑战和克服困难中所获得的成就感和成长。每一次艰难的历程，都会让我们变得更加成熟和坚定。因此，在这漫长的人生道路上，我们应该时刻保持着勇敢的笑容，迎接生活中的挑战。为了实现自己的梦想，我们要用微笑告诉生活，我们拥有无尽的韧性和勇气。

人生的困难体现形式千差万别。有些人身染重疾，曾经历难以想象的折磨；有人陷入困境，中年依然平庸无奇；还有人饱受情感波折，终生成为孤独的旅者……

各种苦难中，对现代女性而言，婚姻问题是其中最棘手的。钱钟书老先生曾在《围城》一书中谈及婚姻是一座围城，城外的人渴望进去，城里的人却想逃离。对于大多数女性来说，婚姻仿佛是人生的一道分水岭，结婚之前，我们是自由的个体，一切行为都只需要对自己负责；结婚之后，便承担了更多的责任，不仅要对另一半负责，还要关照双方的父母、未来的孩子和整个家庭，这些责任使我们逐渐被压垮，而忘记了要对自己负责。越来越多的女性开始思考，结婚到底会带给我们什么？结婚之后，"我"还能保持原来的自我吗？"我"是否还能拥有梦想中的人生？婚姻对"我"来说，究竟是拯救还是另一个深渊？

和睦婆媳，幸福婚姻——如何化解婆媳矛盾？

"关系"在我们的生活中，如是一张无形的网，以各种各样的形式存在着，连接着我们的心灵和情感。有亲情的牵挂，有夫妻之间的感情，还有亲友之间的往来。只有耐心和用心地维护这些关系，才能收到美好的成果。但是，维系关系却是极为艰难且不容易的事情，因为生活中的种种困难总是悄悄地潜藏着，随时准备着袭击而来。而在这纷纷扰扰的关系中，婆媳之间的关系显得尤其微妙且敏感，稍有不慎，就会引起家庭内部的纷争，甚至影响婚姻和睦。而我与娜娜的缘分，便是起源于她与婆婆之间的关系问题。

初次与依娜相见时，她给我留下了难以忘怀的印象。她的面容苍白而憔悴，仿佛还带着泪痕，颤抖的身体传递着她的无助和惶恐。

"Marry 老师，我想离婚，我再也受不了……"她轻声哭泣着。这位已经成为两个孩子母亲的女人让我的心痛难以言表。她只不过 30 岁的年纪，正值人生中最美好的年华，却因生活的磨难遭受无尽的折磨。她历经了多少艰难险阻呢？

我温和地问道:"你是否愿意和我分享一下,为什么会考虑离婚呢?"我希望能够更深入地了解这位经历过很多曲折的女子。

"我与我的丈夫真的没有办法走过这一辈子了。"她抽泣着说道,"他就是那个被人们称作'妈宝男'的人。结婚近10年,我一直以为他爱我,可从未想过他的心里只住着他的父母。我已经忍受了太多年,真的快忍受不下去了。"

我轻轻地拍了拍她的肩膀,让她知道我在她身边,愿意倾听她的故事。

"我的公公婆婆从来不喜欢我,从未好好地看待过我。而我丈夫从来没有为我说过一句话。如果不是因为孩子们,我恐怕早就不想活了……"她的话语中充满了痛苦和无助。

我默默地倾听着她的叙述,一股深深的同情涌上心头。我知道,有些时候,人们会不自觉地陷入一种无法自拔的境地,但是只要还有一点希望,就一定要坚持下去,因为生命中总有美好的事物值得我们去追求。

"曾经,我曾憧憬着能够获得公公婆婆的认可,然而他们对我总是冷淡如冰。早年间,我和我的爱人步入婚姻的殿堂,但由于我的家境并不富裕,我并没有要求丰厚的彩礼。我想着时间长了,事情总会得到改变的。我以为我的包容和忍让总有一天会让他们改变对我的态度与看法,直到现在我才明白,很多的事情不是我努力了就会实现的。原来在公公婆婆的心里,一直认为我不值得他们花费一分钱,甚至将我看作是白白得来的便宜货,一直到现在还是如此看待我。我真的不能理解他们为什么要这样看待我,我对他们一直那么包容,该说的该做的,我都做了也努力了。也许是因为我从一开始没有给他们留下足够好的印象吧。"依娜看着我,无奈又难过地笑了一笑。

我静静聆听依娜细腻的讲述,内心沉静而关切。她露出的那抹苦涩的笑容,更是心疼不已,我轻声问她:"那你的丈夫呢?他对你还好吗?"

依娜望了我一眼:"我的丈夫呀……"她深深地叹了一口气,眼缓缓地望向了远处,思绪渐渐飘散:"我的丈夫,他……总是听从我婆婆的话,从来不敢违背。他更从未对我说过一句好话,在他眼中,母亲才是唯一的至高无上。如今想想,当初的自己真是太幼稚年轻了。"

我深知她此时内心的脆弱,轻轻问道:"您当时愿意将自己的一生托付给他,那一定有让您动心的地方?"

"是啊,他曾是我心中的那份期盼。"我的话让依娜回想起了当初与丈夫相识的点点滴滴,她说:"我们是自由恋爱的,我们是因为朋友而认识的,从一开始最初的腼腆到后来慢慢地发现彼此的心意相投,我曾幻想着他就是我注定的归宿。渐渐地,我们相处得多了,相互了解得也多了,也变得更加的默契,慢慢地懂得彼此的心，而我也盼望着能与他在一起度过余生。我一直以为我不会变，一直会与他就这样牵着他的手，一起慢慢地白头到老。但没想到我最近开始有了离婚的想法，我真的很害怕，因为我们有可爱的孩子，离婚对孩子的影响是不可避免的，我不希望我的孩子像我一样受苦。我想给他们一个完美的家，然而我的公公婆婆却是无法改变也无法让我容忍的存在。未来的岁月还有许多未知，我们可能还要共同生活几十年，我根本不知道该如何去应对那些未知的未来。"

我望着依娜："您还爱着您的丈夫吗？"

她看着我，微微一怔，随后点点头，爱就是一切美好的源泉。

"您爱着您的丈夫，或许事情便没有您想象的那么糟糕。"我看着依娜，若是夫妻之间不存在爱，不存在情感，我或许会坚持依娜的选择，但是她的事情并非如此，而是很多其他相关的因素。于是我继续说道："当您发现自己与伴侣，与长辈们之间的交流渐渐变得疏离，您是否有尝试过深入交心地沟通与交流呢？"

"交心地沟通与交流？"依娜摇摇头。

"或许你会犹豫不决，或许会徘徊不前，因为真心地交心与沟通需要勇气与真诚，而且需要将内心的想法坦率地表达出来本身就是一件很不容易的事情，尤其是在与伴侣之间。但是你

第四章 继续美丽 129 ·

们才是世界上关系最密切的彼此,更需要加倍珍视和关注,因为家庭才是你们真正的能量中心。在生活中,我们难免会遇到一些让我们感到困扰的事情,尤其是婆媳的关系,你更应该与他述说,和他交流与沟通。因为你的伴侣不仅有责任分享你的忧愁和困扰,更有责任协调你与他的父母之间的关系。

"我们需要在关系中寻求平衡,而平衡的实现需要我们之间的相互理解和配合。只有这样,我们才能真正地理解对方的想法和需要,建立深厚的感情基础,共同面对生活的起伏和变化。"

听完我的话,依娜静默片刻,柔声说:"我向来话不多,不爱争执,性情温和。面对问题,往往也会藏在心里,不知哪里可以倾诉,也不知该如何表达。这些年来,我一直束手无策,不知如何诉说心声。"

"别伤心,依娜,你可以相信我。无论你的内心是否烦恼,都可以跟我说。我能感觉到你这些年经历了很多艰难,我永远陪伴在你身边,与你共渡难关。"我看着依娜,眼神与我的话同样的坚定,我的话落下,依娜潸然泪下。也许是因为她太孤单了,也或许是因为在她的生活中没有可以倾诉的人。依娜向我敞开了她的心扉,讲述了她深埋心底的痛苦。

在这个世界上,每个人都不可避免地要经历一些苦难。但依娜的经历似乎超出了常人的承受范围。依娜出生在20世纪80年代一个偏僻的小村庄,她的童年是孤独的。家里人普遍重男轻女,父亲不近人情,爷爷奶奶更是对她不闻不问。妈妈虽然很疼爱她,但是因为要照顾其他兄弟姐妹,常常抽不出时间来陪伴她。所以,依娜经常要轮流住在亲戚家中,孤独地度过自己的日子,如同一片漂泊的落叶。她的童年没有温暖的家庭环境,也没有美好的回忆。

在依娜的记忆里,总是充斥着父亲酗酒后对妈妈的野蛮行为、自己跟爷爷奶奶吵架后躲在藤椅上过春节的情景,以及奶奶对她的差别对待和对姑姑家孩子的偏爱等这些不愉快的回忆时常缠绕在她的心头,让她难以释怀。每当她试图寻找一些合理的解释来安慰自己时,却总是被深深地伤害。

依娜的家庭环境造就了她胆小怯懦的性格,让她常常不敢在人前表达自己的想法,容易遭受欺凌。这种感受逐渐积累,形成了她内心深处的自卑和阴影,即使在她顺利地组建了自己的家庭后,这些阴影仍然笼罩着她,让她难以获得内心的宁静与平衡。多年以来,她一直在为生活奔波劳累,承受着巨大的压力。结婚后,她曾经因为处理不好与婆婆的关系而让婚姻陷入了长期的黑暗期,这使得她的内心承受着更加沉重的负担,甚至一度考虑离婚。

我轻柔地为依娜拭去脸上的泪珠,她的掌心凉凉的,不断颤抖。我握住她的手,轻声地说:"听我说,依娜,你是一位非常强大和优秀的母亲,有两个可爱的孩子需要你去呵护和培养。尽管你现在正在经历困难，但你需要勇敢地面对并调整自己。我深知你的过去不容易，人生充满起起伏伏，很多人只看到表面的欢乐，而不知道内心深处的苦难，就像你一样。但在我这里，你不必承担太大的压力，告诉我你内心真正的感受吧。作为女性，我能够理解你的痛苦，并愿意与你一起分享并减轻你的负担。我是你成长道路上的助力，希望成为你的心灵驿站，与你一同摆脱生命的险阻。"

"Marry 老师，感恩可以遇见你，因为有你，让我有了诉说内心苦闷的对象，让我有了可以交心的朋友。"

我微笑以对："只要你愿意，我会一直陪着你，直到你可以独自一人成长，完成完美的蜕变。"

"Marry 老师，可以吗？我真的可以做到吗？"此时依娜的眼神中虽有迟疑，但是我看到的是她眼中更多的期盼，有期许便是开启新生的那束阳光。

我引导着她慢慢地闭上双眼，让她纯然地陷入曾经的过往，虽然那些过往很痛、很深，可是要想真正地将心中的荆棘连根拔起，唯有真正去面对、去接受，通过面对与接受，这些曾经所认为的荆棘都将会成为她逆袭而上的巨大能量。眼前的依娜缓缓地闭上眼睛，将那些埋藏在心底的忧伤重新拿出来正视。

"我的心中，充满了对家人的怨恨，"她略带哽咽地说道，"只有妈妈是我唯一的心灵寄托。"

在她的眼中，父亲和祖辈们从她刚出生便对她漠不关心，甚至憎恶她，让她难以理解，为什么亲人之间会如此冷漠。

"我 16 岁便出去打工，赚来一些钱回家，爷爷才首次露出了微笑。"依娜的语气有些沉重，"但奶奶依旧对我不善，总偏心对待姑姑家的孩子。我想不明白，都是奶奶的儿孙，为何奶奶的态度却天壤之别。更让我心痛的是，奶奶和姑姑总是在背后议论我的父母。即使身处贫困之中，我的母亲依旧尽心尽力地孝敬着爷爷奶奶，可是她们却从不把母亲的真心当回事。

"岁月匆匆，光阴似箭，可我最反感的仍旧是我的亲生父亲。父亲本是带给孩子依靠和安全感的，可是在我的记忆中，父亲总是把我当成出气筒。父母吵架时，父亲会向我发泄他的怒火和暴力。父亲和爷爷奶奶或者村子里其他人吵架后，依然会拿我当作出气筒。面对父亲的拳打脚踢，我无力反击，只有默默忍受。而父亲的暴力行为并不只是对我一个人，无数次他醉酒回家，都会对我的母亲进行家暴，甚至会用凳子砸她。一次父亲和母亲在河边吵架，因为父亲在外面喝酒又和别人吵得很生气，见到母亲就拿母亲撒气。我母亲也很不客气地和他吵。我站在母亲身旁，那时我只有 5 岁。父亲快步走到我面前，怒气冲冲地一把把我举起来，像抓猫一样一下子把我扔进河里。那次我差点被淹死。后来父亲解释道，他太生气了，就把我当成石头扔到河里了，自己也表示后悔。从那时起，即使我心中再

第四章 继续美丽 133 ·

有怒气也不敢流露出来，我只能死命地压制住它出来，所以我习惯了父亲对母亲的家暴、对家里人的坏脾气。我只恨自己当时年纪小，对父亲的暴行无能为力，只能看着母亲被打，敢怒不敢言。

"而我的母亲从 14 岁起，便开始了人生的坎坷和挫折。她失去了她最爱的妈妈，从此再也没有了母亲的关怀和疼爱。即便在嫁入父亲的家庭后，她的人生并没有得到任何改善，反而受到了更多的打击。爷爷奶奶对她的态度十分冷淡，甚至可以说是恶劣。尽管母亲一直孝顺他们，但他们却从未对母亲心存感激，也没有给予她足够的尊重和关爱。母亲除了要承担家里的大小事，还面临着严峻的财务压力，甚至不得不外借钱来度日维艰。而我的父亲却无动于衷，从未关心过她的境况，甚至连母亲去医院看病父亲都不曾一同前往。那一次，母亲终于忍受不了想要离开，她收拾好了东西想要跟着别人的车队出走。我当时不想让她走，偷偷把她的包裹藏了起来，成功地将她留了下来。到了如今，我有了自己家庭，也成了一个母亲，才理解母亲当年所承受的痛苦，才明白我当时的做法是多么自私。

"我与我丈夫结婚的时候，我已经怀孕一个月。我没有为彩礼要求任何东西，只希望自己能够快乐地结婚，更从没有想过要过得多富裕，只要一家人开开心心过一生就好。但命运的安排总是出乎人意，我们的日子并不如我所期望得那样美好。我的婆婆对我不屑一顾，总是在熟人面前议论我；而公公则和我的父亲一样——酗酒，然后和别人吵架。我想不明白，为什么我遇到的两位父亲都是一样的人，为什么我不能拥有跟别人一样的好父亲。

"我虽然是一个性情内向的人，不善言辞，但是我一直以来都孝敬我的公公婆婆，即使他们做得不对，我都尽可能地去包容他们。可惜我的婆婆是一个强势的性格，家中大小事务必须经过她的同意，所有人包括我的丈夫，也都必须听从她的安排。更令我困扰的是，婆婆总是轻视我、挑剔我，甚至让我背负不应该有的责任。尽管如此，我也没有违背过她的意愿，默默承担着身为儿媳的责任。

"大儿子上学之后，我为了生活外出打工了一年，等我回家之后发现儿子的学习成绩不如以前，这让我非常担忧。于是，为了能让儿子接受更好的教育，我从老家搬了出来，在市里租了一处小屋，并让我的母亲照顾孩子。但出乎意料的是，婆婆居然在背后挑拨离间，试图破坏我们的家庭感情。我感到非常愤怒和困惑。作为孩子的奶奶，她为什么不能与我们和睦相处呢？我一直尽心尽责地履行着儿媳的职责，但他们的态度却让我非常难过和伤心。"

"Marry老师，像我这样还能改变我现在的生活吗？"不自信的不确定再一次笼罩着依娜的内心，这是因为曾经的过往回忆像是一个巨大的魔兽再一次将她的期望吞噬。即便不是她内心真正的想法,而此时的她更需要的是鼓励与激励。

"你愿意这样继续下去吗?"我问道。

依娜摇摇头,坚毅出声:"不,我不愿意。"

"若是有一个机会可以让改变自己,你想成为什么样的自己呢?"

依娜望着我,思考了一会儿:"我希望成为一个内心有力量、有勇气、内心富足的女性。"

对于依娜的回答,我非常满意。我笑意盈盈,看着她眼中的期望,我便知道吞噬她内心美好期望的魔兽已经逐渐地离开。

我轻声安慰她:"依娜,我知道你的处境很艰难,但请相信自己能够应对任何挑战。虽然路途可能有坎坷,但你可以依靠自己的力量和智慧不断前行。你的勇气和决心将是你攀登高峰的动力。你曾经说过,你希望成为一个充满活力、创意无限的女子,那就用行动证明这句话,不仅为了自己,也为了向全世界展示自己的实力和才华。"

依娜仰望天空,眼前的云朵温柔而祥和,她的心里也仿佛浮现出了过去点点滴滴的美好回忆,如水波般荡漾着。渐渐地,她压低了嗓音,轻柔地说道:"我明白了,我要为自己的梦想而努力,要像寻找风帆的人一样,独自起航,一往无前。"

我微笑着向她点头,她勇敢而坚定,仿佛一只盘旋上升的鹰，展翅翱翔寻找着自己的未来。她的声音有些微颤，却同时散发着坚毅和果决的气息，就像那饱经风霜的大地，不畏惧苍穹的磨难。

"你是一个勇敢的女性，"我轻声说道，"你必须坚信自己的才华和能力。你将翱翔于高空，你要相信未来充满着无限的美好。"我的语气柔和有力，宛如蓝天白云下的轻柔清风。

"让我们放下曾经的不幸，回归宁静的日子。作为女性，我们需要有自己的经济支柱。既然你的孩子已经长大成人，那么你更需要努力用心用爱地工作，独立自主的经济来源能让我们更加自信地支配资金。当然，外表的美丽、内在的涵养和文化素养的提高也至关重要，我们要成为孩子们的楷模。请相信自己的坚韧和不屈，即使经历过风雨之后，你仍然拥有着无限的潜力和前途。

"关于你的爱人，我建议你大胆地与他谈论。婚姻中的问题需要夫妻共同面对，而并非孤军奋战。只有这样，我们才能更好地领会婚姻的真正含义。

"关于婆婆，她是你爱人的母亲，是你生命中重要而珍贵的人。在这个世界上，亲情是至为重要的，它让我们感受到归属和安全。而媳妇和婆婆的关系源远流长，时而和谐相处，时而磕磕绊绊，需要媳妇们用一颗包容的心态来经营。

"为了维持家庭和睦，我们需要在日常生活中多一分耐心和理解，更多地开展亲密的交流和相互尊重的对话，让婆媳间的关系变得更加融洽。毕竟，家庭不仅仅是一个人的领地，而是世代相传的情感纽带。如果我们能够以一颗宽容而真诚的心对待婆婆，那么我们的生活将充满欢声笑语，幸福感也会随之倍增。

"依娜，我想告诉你，自信是女性最美的品质之一。在面对婆婆时，不妨展现出你自信的一面，相信自己有能力守护好自己的家园，追求更好的未来。只有这样，我们才能平衡好婆媳关系，让彼此之间的感情更为亲密，并共同创造一个和谐美满的家庭。"

在听完我的建议后，依娜抬起头，目光坚定，心中充满了前行的勇气。她不再胆怯于面对困难与挫折，尽管前路漫长，她已经准备好了启程扬帆。

每一个女性都有自己的梦想和追求，每一个女性都应该相信自己的能力和实现梦想的可能性。只要坚持不懈地朝着目标努力，那么所有的梦想都有可能成真。这个被苦难笼罩了三十多年的女人，她终于能够释放内心的沉重，绽放出一抹微笑。我告诉她，以后要多笑一笑，因为她的笑容实在是太美了。

十个月后，我的命运和依娜再次交织在一起。她现在的身份已然变为一位优秀的置业顾问，这项看似不算高门槛的工作却与她完美契合。那天，我陪着一位朋友来看房，正当我们沉浸在一片热烈的讨论之中，我忽然看到了穿着得体的依娜。她化了淡妆，姿态优雅，与客户谈笑自如。大半年时间里，依娜靠着自己的努力和坚持，在工作上已然驾轻就熟，业绩节节攀升。她表现出了极高的专业素养、极佳的工作态度，成功吸引了众多客户的信任与追捧。如今，依娜已经成了一名能够赚钱的职场精英。她的婆婆的态度也逐渐好转，在忙碌的工作之余，婆婆还会用温暖可口的饭菜等待着她的归来。依娜的丈夫也成了一个忠实的后盾，全心关注她的情感需求。从此，依娜的生活开始变得愈加美好。

依娜对我说，她很庆幸能够认识我。尽管岁月已经在她身上留下了不少痕迹，但她现在终于明白了自信和为自己而活的真正意义。经历了三十多个春秋的风雨洗礼，她依然保持着坚强不屈的姿态，并将这些经历作为前进的动力。每当她面临工作上的难关，只需回忆起曾经的欢笑与泪水，便会激发起信心与勇气。她还私下告诉我，他们夫妻正在为购置新房而努力存钱，希望四口之家能够共享天伦之乐。想到这些美好的未来，她脸上洋溢着向往的微笑，这微笑是那么美妙，美好而又充满了期盼。

依娜的人生或许并不平坦，并且遭遇了不少挫折，也因此而种下了她内心深处自卑的种子。即使她步入社会并迎来了另一个全新的家庭，也仍旧难以舍去。甚至有时她也会感到一阵阵的无助和迷茫。但幸运的是，在她的童年时期，她的母亲成了她暗黑童年的心灯，为她照亮了前进的路途，也让她铭记自己身为母亲所肩负的责任。

人生之路总是不可避免地遭遇坎坷，与婆媳关系的矛盾冲突更是如此。然而，我们不能因此而放弃对爱情和婚姻的追求，正如在面对苦难时，我们永不放弃对未来生活美好的追求。虽然有些事情我们无法改变，但我们应该却能够抓住改变的机会，不断完善自我。在处理婆媳间的矛盾时，虽然无法消除客观的存在，但我们可以不断提升自身修养，尽力减少与婆婆之间的隔阂。就像在人生的困境中，我们可以改变自己的态度，学会接受并将其转化为成长的机遇，迎难而上，勇往直前。

亲爱的女性朋友们，婚姻并不是人生的全部，我们无须过分害怕。无论是家庭琐事还是世俗繁忙，都是生命里不可或缺的一部分。在这五彩缤纷的旅程中，我们不仅会遇到花朵盛开的春夏，也会迎来凛冽的风雪美景。让我们狠下心来，努力做好自己，不断成长和进步。我们一定能够在时间的洪流中获得成功，我们的信念将引领我们不断向前，不停前行。

生命中难免有挫折和苦难，可能会让我们心灰意冷，陷入绝境。但如果我们能战胜这些困难，我们将变得更加坚定、更加勇敢。就像依娜一样，即使已经不再年轻，人生也可以在磨难中重获新生。只要我们有美好的信念，坚信苦难终将过去，我们就能走向更加美好的未来，拥抱更加精彩的人生。

归来——从家庭主妇到职场女强人的蜕变

　　婚姻是一条漫长而刻骨铭心的人生路途，相信每一个步入婚姻殿堂的人都充满了希望和幸福的憧憬。然而婚姻并不总是美好的，尤其是在面对许多艰难险阻时，我们往往会感到无助和沮丧，此时离婚便会杳然于我们的眼前，选择与不选择也成了我们艰难的抉择，因为离婚意味着结束与终止眼前所有的一切，彼此之间不断的相互伤害与折磨。那些曾经甜蜜的回忆，变得像一张张锋利的刀片，在心中不停切割。那些曾经许下的承诺，变得像一颗颗酸涩的果子苦不堪言……那些曾经爱过的人、那些曾经承诺的誓言，也在彼此的相互伤害与折磨中渐渐消失殆尽。离婚的痛苦如同刀子一般，深深地刺痛着我们的心灵。我们难以接受这种痛苦、难以面对崩溃的家庭和生活。种种的困难、种种的挑战，不禁让我们感到茫然和恐惧。

　　女性的命运往往因为婚姻的破裂而变得狼狈不堪，如同迷失在森林中的孩童，渐渐消磨着所有的希望和氧气。不和谐的婚姻就像是那些险象环生的洞穴，让我们一步步陷入泥潭，而我们只能任自己深陷不幸的婚姻泥潭中苦苦挣扎与煎熬，只能任其挥霍着我们的青春、消耗着我们的能量、散尽我们的幸福,最终将我们吞噬在那暗无天日的沼泽中,我们无法呼吸、无法自拔,我们迷茫、我们无助、我们痛苦却也无法在泥沼中挣脱自己,我们开始怀疑自己、质疑人生、质疑那曾经美好的爱情。

虽然忘记与放下并不是一件容易的事情。需要花费时间去重新适应生活。需要面对纷繁复杂的情绪,重新规划自己的生活。或许有时候,痛苦会变得更加深刻,或许迷茫也会变得更加强烈。而这所有一切的伤痛也会随着时间的推移,这些伤痛也会慢慢消散。这段漫长的旅程或许会比我们想象的更为漫长,但我们要明白离开婚姻并不是终点,而是新生活的开始。在痛苦中挣扎的我们也许并不会立刻找到新的幸福,但是我们可以从过去的错误中吸取教训,重新审视自己的生活态度、重新定义自己的身份和价值。

只要我们愿意努力、只要我们勇敢地面对未来,我们的生命中依然会有光明和美好。就像依娜一样,尽管她经历了许多婚姻上的波折,但最终她重新振作,建立起自信,迈向了属于自己的事业巅峰。

当我第一次遇见雪米(化名)的时候,她正处于刚刚离婚的阴影之中。身为一名单亲妈妈的她不断努力地支撑着生活中的重重压力,她独自抚养着两岁的孩子。她的面容颓废而无助,自从和前夫分开后,她已经孤身一人生活了好几年。直到认识了现任的丈夫，他们曾经有过恋爱的甜蜜时光，结婚生了孩子，一切都是那么美好。可是幸福的糖果被现实的铁锤狠狠地磨碎，丈夫婚后如同变成另外一个人，他变得脾气暴躁，动辄恶语相加甚至动手打她，不仅如此，还经常借出差为借口几日几夜不归家，就连自己的亲生儿子也毫不在意。而雪米为了更好地照顾孩子照顾家里的生活，辞去了工作，成为一名全职妈妈，将所有的时间和精力都投入家庭和孩子身上。

不可避免的事情终究还是发生了，丈夫悄然而至的背叛让她的心如同被深深地掏空了一般。当她质问丈夫时，他甚至连隐瞒都不需要了，毫不避讳地承认他出轨了，甚至还提出了离婚。突然的这一刻，让雪米感觉天要坍塌下来一样。

"Marry 老师，我感到自己的人生十分凄惨，我不知道是什么原因让我过上了这样的生活。我的第一任丈夫在我们有了孩子之后背叛了我，我们离婚了；现在我又陷入了同样的局面。虽然离婚后孩子判给了前夫，但我的内心很痛苦，为什么我的命运总是这样？我不明白自己到底错在哪里，为什么他们总是对我这样无情！为什么他们要一次次背叛我，背叛我们的婚姻，难道真是我的错？我的问题吗？"

我静静地聆听着雪米的哭泣声，眼神中充满着对她遭遇的同情。我对她说："亲爱的，你要知道，你从未犯过错。曾经你为了照顾孩子和家庭，毅然放弃了自己的事业，你是多么了不起的母亲和妻子啊!你不要轻视家庭主妇的工作,因为家务活是最为辛苦的:打扫卫生、做饭、洗衣服、带孩子,每项都需要付出极大的心血,更何况还要协调各项家务?错的是那些毫无责任感和义务感的人,他们破坏了婚姻,他们既不是好丈夫,也不是好父亲。雪米,你很出色,你是一位了不起的女性,你应该为你所做的一切感到骄傲和自豪。

"这两段失败的婚姻并不是要让你觉得自己无能,而是要告诉你,这两个人都不能给你真正的幸福。你应该庆幸自己从不幸的婚姻泥潭中解脱了出来,因为只有你跳出了不幸婚姻的泥潭,才能让自己获得真正属于你的幸福,请相信,下一个更美好的未来已经在等待着你,你会慢慢走出阴霾,重新拥抱幸福。"

"真的吗,Marry 老师?从来没有人肯定过我。"雪米认真地注视着我,眼中闪烁着一抹光芒。

"当然是真的,亲爱的雪米,我知道你正在为婚姻的压力而感到不安。但是,请你相信自己,你拥有无限的能力和价值。婚姻并不是评判你人生价值的唯一标准。回忆你还未迈入婚姻的时候,你的生活是不是同样充满了欢乐和幸福?所以,你可以的,你仍然可以过上美好的生活,因为你比之前还拥有更多,因为你的身边还有可爱的小宝宝陪着你,你再也不会感到孤独,因为世界上最伟大而富有能量的爱是母爱,而你正拥有了它,所以你的人生将会变得更加美好。"

"是啊，我不能让我的孩子和我一样有着不好的童年，Marry 老师，您知道吗？我有一个糟糕而且无比痛苦的童年，我很小的时候，妈妈就永远地离开了我。有时候我会很想念我的妈妈，但我却记不得她的样子，我不知道她的眼睛是不是大大的，不知道她的嘴巴是不是小小的，也不知道她的鼻子是不是高高的。因为妈妈离开我的时候，我太小了，我根本就记不得她的样子，我只记得在妈妈离开后，父亲就变得不同了。或许是因为我缺乏父爱，才会试图通过婚姻来找回这份缺失的父爱。现在回想起来，他们真的太像我的父亲了。他们打我的时候和我父亲打我的时候一模一样……"雪米说着眼中不禁潸然泪下，静静地回想着曾经的岁月。

雪米从小便失去了母亲，命运仿佛就是让她来世间承受痛苦的。父亲曾经很宠爱雪米，但母亲去世后，他的性格变得暴躁，只有在哥哥的面前才有温柔的笑颜，而对雪米永远都是怒意与谩骂。父亲对于哥哥和对与雪米重男轻女截然不同的态度，在她的内心深处留下了严重的创伤，使得她对未来的择偶观念产生了深刻的影响。也为此她经历了两段失败的婚姻。

我与雪米相视，安慰地说道："或许命运之神并未眷顾我们，也或许只是因为我们太过微不足道，但不管怎样，每一个人的人生道路都值得被铭刻，每一段经历都值得被怀念。虽然有些人能轻易地得到幸福，而另一些人则需要为之而奋斗付出所有的一切,但生活的意义却不在于谁能更快地获得幸福,而在于我们如何承受磨难并在前行的道路上学会坚强与勇敢。

"每个人的经历都独一无二,每个人的故事都是闪耀着独特光芒的,每个人也都有自己难以启齿的伤痛,每个家庭也都会遭遇困扰和失败,这些困难也不会轻易地消失,但它们却是我们人生中不可或缺的一部分,值得我们从中汲取教益。我们不能因为生活中的困难就失去希望和信心,相反,我们应该坚守信念,依靠自己的力量去创造自己理想中的生活。尤其作为女性,我们需要表现得更加坚定与自信,勇敢地去面对挑战,因此我们必须保持内心的力量,继续前行。"

"可是,Marry老师,这谈何容易呢?我也希望可以让小宝拥有更好的生活,可以让他成长为一个快乐的孩子,但是这么多年来,我从来没有工作过,我如今该如何自力更生都是迷茫、毫无头绪……"

雪米的眼神中透着深深的悲伤,然而我发现每当她提及自己的孩子时,那双眼睛便放出了坚定的光芒。这让我深刻地感受到了母爱的深沉以及她所散发出来的能量。我相信作为母亲的她一定能够战胜眼前的一切困难,但她此时最需要的是一个真心陪伴、支持和鼓励她的朋友。

于是我看着雪米,说的话如同我坚定的眼神:"或许我们无法改变童年时期的命运,但我们可以抓住眼前的生活,去追求我们的未来，实现我们的梦想和愿望。我相信，只要我们付出努力，用自己的双手创造出美好的生活，去追逐梦想，奋斗不息，我们一定会成为最好的自己。"

之后我开始为雪米进行评估，认真分析了她的现状、时间和能力等方面，为她定制了一份贴身职业规划。然而完成初步分析后，我发现适合雪米的职业并不多，曾经为了家庭放弃了自我提升，使她与这个社会逐渐疏远，现在她要重新融入社会是一件非常困难的事情。这让她感到很失落，我温柔地安慰着雪米的情绪，告诉她并不是所有的工作都需要规定的工作时间。我观察着雪米，发现她的外表秀美，很爱美，性格比较开朗。这类特征的女性比较适合从事线上美容护肤推广方面的工作，而且这类工作通常工作时间较为灵活，她还可以在工作之余照顾小宝。

我的规划仿佛点燃了雪米心中眼睛熄灭的希望之火，她再次的重新振作起来，似乎忘记了所有的不顺，积极向前迈进。当雪米拥有了坚定的信心，她展现出了惊人的魄力和毅力。她开始积极寻找就业的机会，在进入公司之后，积极参加公司的培训与学习课程，不断提高自己的技能和能力，深入了解市场动态和行业趋势。除此之外，她还积极参与社区志愿者工作，参加社区活动，扩大自己的社交圈子。

最终，雪米的努力得到了应有的回报。她成功地成了一家知名美容护肤品牌的推广员。虽然一开始,她面临着重重挑战和难题,但她一直以乐观的心态和积极的态度去面对。她认真地完成每一个任务,并不断思索和学习。渐渐地,她建立起了与同事和领导良好的关系,并赢得了越来越多客户的信任。凭借着她的才智和不懈努力,雪米很快成了公司的核心力量,备受领导和同事们的欣赏和尊重。作为单身母亲,她在事业和生活上变得更加独立,并重新获得了自信和自尊。

一年后,我又一次与雪米相遇。她所在的美容护肤品牌已经快速发展,她已经成为一个团队的领导。为了感谢我曾经的帮助,她邀请我前往城市团队感恩会,当雪米作为团队领导站上舞台参加领奖和发表感言仪式的时候,我的内心是激动而兴奋的,与一年前的她相比,如今的雪米是多么美好,如今的她充满自信和魅力,她在台上深情地讲述着自己的故事,感谢公司的培养,也感谢我所给予的温暖帮助。同时也感慨生活的艰辛和考验,而也正是这些经历才让她有了今日的自信与坚定。

她的故事深深地打动着在场的每一个人,更是为众多女性展现了奋斗与独立自主的重要性。作为单亲妈妈和曾经的家庭主妇,雪米的前半生承受了太多的痛苦。但是,在人生的转折点上,她决定改变,重新融入职场。最终凭借着自己的努力和坚持,她改变了命运,为自己和孩子创造了更加美好的生活。

雪米告诉我,如今的她已经拥有了许多以前不敢想象的东西，但她经过深思熟虑和权衡利弊之后，为了让自己和未来孩子能有更好的的生活保障，她有一个胆大的想法——想要开一家属于自己的咖啡店。我非常高兴听到她的大胆想法，我的建议是，如果经济条件允许，可以尝试一下自己的创业梦想。而且我也相信她有能力经营好这个事业，如果她有需要，我非常愿意为她提供帮助和支持。

雪米花费了大量时间来研究如何经营一家咖啡馆，深入了解咖啡的种类和制作方法，还学习了经营店面和管理员工的技巧。她对店面的装修投入了许多心血，在整个店铺营造出温馨舒适的氛围。

开业后，雪米每天都会亲自前往店铺，与顾客亲切交流，使她的咖啡馆迅速获得了好评。她与团队保持良好的协作，不断探索新的制作方法和配方，让店铺更具特色，经过数月的不懈努力，雪米终于看到咖啡馆的营收逐渐攀升。这让她有了更多的信心，开始展开更大的市场拓展。她开始经营网店，销售自己精心调制的咖啡，并与其他咖啡馆合作，共同开发和推广新产品，吸引了更多的客人，掀起了市场热潮。雪米还带领其他单亲妈妈一起创业，鼓励她们勇敢挑战自我，追求积极向上的生活态度。

尽管在创业道路上，雪米遇到了许多困难，但她从未退缩，一步步地克服了每一个难题。如今，雪米已将她的咖啡事业拓展至周边城市，取得了圆满的成功。她的努力和成就，不仅为自己带来了获得感，也给其他单亲妈妈提供了信心和启示，让她们敢于追求自己的梦想。

每个人都有自己的人生经历和故事，这些经历和故事塑造了我们的性格、态度、价值观以及我们对待婚姻和爱情的态度。有的人可能从小家庭就非常和睦，父母之间彼此尊重、关爱，这样的成长经历往往会让他们对婚姻充满信心和希望。但有的人可能从小就缺失亲情，没有得到关爱和呵护，他们的内心可能会更加敏感和脆弱，对婚姻的信任度就较低。

许多人总是以为结婚后才能够得到幸福，得到安定的生活，得到对方的陪伴和爱。但实际上，充实的人生并不在于婚姻的状态，而在于我们内心的丰盈和自我实现的追求。婚姻虽然是人生中的一件大事，但它并不是每个人必须经历的，更不能成为评价一个人是否成功的标准。有些人选择单身追求自己的梦想和事业，他们或许会感到孤单，但也会因此获得更多的自由和掌控生活的权力。而有的人选择了恋爱，但并未步入婚姻，他们或许会面对来自他人的议论和质疑，但他们选择的是自己内心的感受和需求。

所以，不管是在结婚前还是结婚后，我们都应该学会关注自己的内心，找到自己的定位和价值，不要因为婚姻的状态而迷失自我。当我们的内心丰盈和富有时，我们才能真正地拥有幸福的生活，尽管婚姻或许会是其中的一部分，但它并不是全部。让我们放下一切负担和担忧，全心全意地享受自己的人生。

理念解析：

境由心生，一切由心而定，源于自己的内心，你内心想美丽就会美丽，你想丑陋就会丑陋。

境由心生，是人类自古以来就深信不疑的一种哲学理念。这个世界上，我们总是会看到那些美丽的事物，比如迷人的日落、婀娜多姿的花朵、绚丽多彩的彩虹，等等，这些美丽的事物都是源于我们内心的期待和渴望。

境由心生，意味着一切都与我们的内心有着千丝万缕的关系。一个人内心的美好或者丑陋，会影响到他周围的一切事物。内心的诚实善良，会让你看到美好的事物；而内心的狭隘自私，则会让你感受到世界的荒芜和孤独。

有时候，我们会陷入一些境况中，感觉好像整个世界都在与我们作对。其实，这时候我们只需要回到内心深处，寻找那份温暖和力量，就能够摆脱困境。因为境由心生，就像是一条无形的纽带，连接着我们和外界的一切事物。

我们都渴望美好，希望生活中充满着快乐和幸福。那么，我们就应该学会让自己的内心充满着美好和正能量，这样才能够真正抓住生活的精彩。不要过于执着于外在的美丑、丑陋，因为只有自己内在的美好才是真正有意义的。

境由心生，是我们内心深处的一种力量和信念。让我们从内心开始，塑造属于自己的美好世界，让心灵充满着阳光，让内心强大起来，这样才能够真正看到生活的美好和意义。

落地方案：寻找真实的自己

深夜，我独自坐在窗前，静静地回忆着曾经的伤痛。那些曾经让我痛苦难忘的过去，如今却成了我治愈的源泉。因为我知道，只有当我正视过去的伤痛，才能真正地释放自己，走向更加美好的未来。

很久以前，有个人因为一件事情而备受伤害。他曾经努力想要逃避，无论是喝酒抽烟还是沉溺于游戏当中，但这些都无法真正缓解他心中的焦虑和痛苦。直到有一天，他开始尝试去正视他的过去，去面对那些曾经让他痛苦的记忆。虽然一开始很难，但是他还是坚持下来了。

有时候，一件事情并不是我们想象中的那样糟糕，有时候我们只是把过去的伤痛放大了。当我们努力去正视它，去看看真正的情况，往往会发现它并没有那么可怕。就像一个面具，只有你扯开它的一角，才能看见里面的真实面目。当我们看见它、疗愈它，我们才能真正地放下。

不要害怕面对过去的自己，不要害怕看见那些曾经让你痛苦的经历。因为那些经历并不是你的全部,而是你成为今天的自己的一部分。当你敞开心扉去面对、去正视、去疗愈,你就能找回真正的自己,也就能释放你心中的重负。

追溯过去的伤痛,看见它并疗愈它,这是一种需要勇气和决心的过程。但愿我们都能有勇气去面对它,去疗愈它。如此,我们将能够在未来阔步前行,不再畏惧,不再痛苦。让我们勇敢地面对自己的过去,拥抱真实的自己,走向自信、充满生机的新生活!

有些人天赋异禀,早早就找到了自己的方向,一路顺风顺水,而有些人则需要不断摸索、尝试和探索,才能找到自己独特的道路。

我曾经也是那些需要探索的人之一。毕业后,我进入了一家创业公司工作,每天都在忙碌地奔波着,却总感觉缺少一种内心的满足感。我去参加各种培训班,读各种书籍,试图找到自己的方向,但总是感觉无从下手。

直到有一天,我参加了一场生命成长的讲座。咨询师问我们:"你们觉得自己最擅长、最有天赋的是什么?"我当时还没有想清楚,但这个问题一直在我的脑海里回荡着。

从那时起,我开始花更多的时间和精力,在生命成长上探索和发展自己的天赋。我参加了各种培训和讲座,结交了一群志同道合的朋友,他们的鼓励和支持让我变得更加坚定和自信。

后来，我把大部分的时间和精力专注于生命成长之路。虽然这条路充满了各种不确定性和挑战，但我有信心、勇气和毅力去追求自己的梦想。我感到自己终于找到了那个属于自己的天赋使命和才华。

寻找自己的天赋使命和才华，并不是一条平坦的道路。在这段旅程中，我们需要不断地探索和尝试，需要接受失败和挫折的打击，需要坚持和努力。但只有找到了自己的方向，才能走得更加自信和坚定，让生命变得更加精彩。

你是你生命的主人

清单·notes

清单·notes

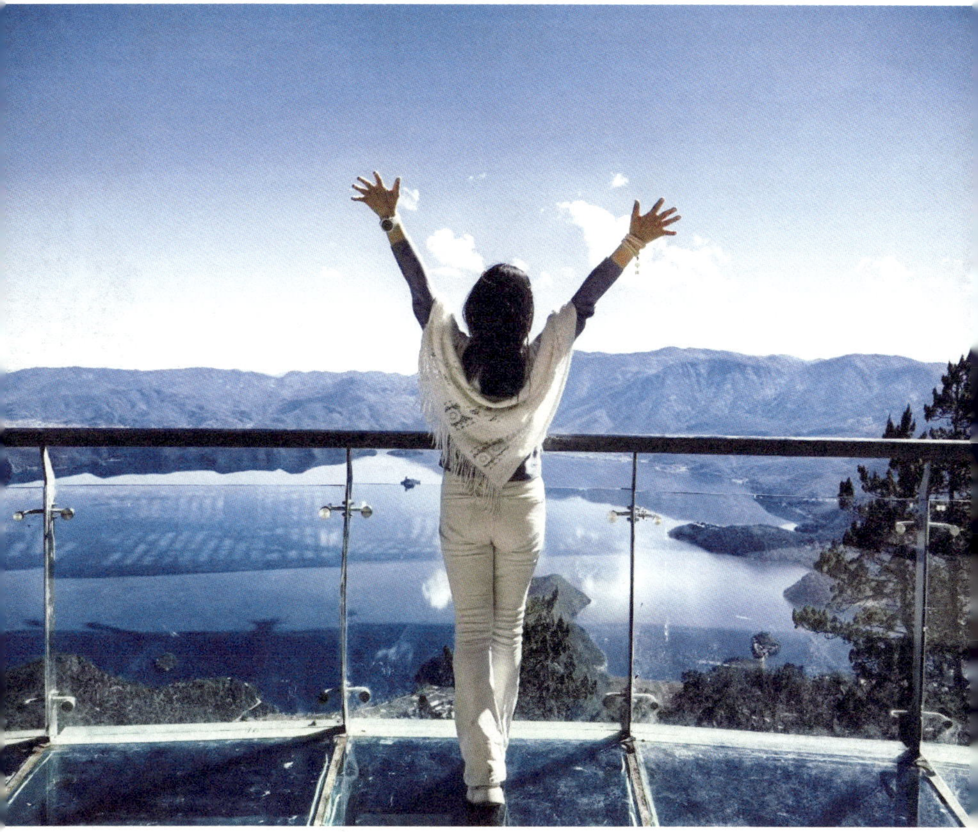

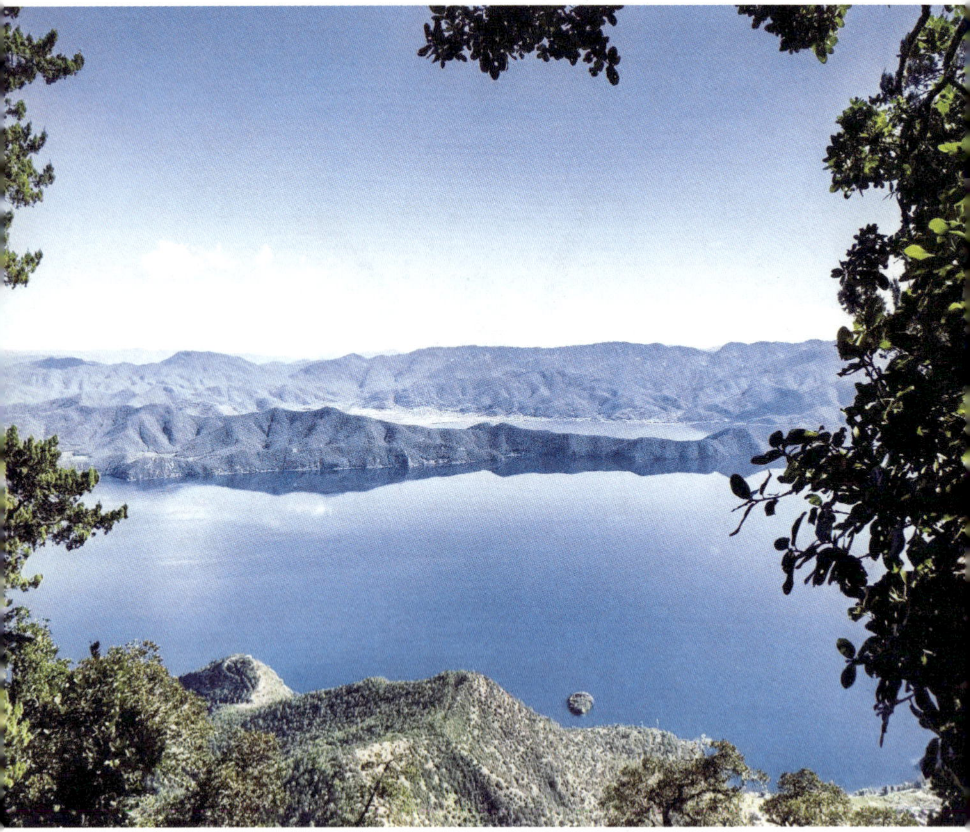

注意力就是爱！

第五章 需要关心

中年人的彷徨与焦虑，需要关心

注意力就是爱!

稻盛和夫先生说过:从年轻时的热情洋溢到中年时的稳健沉着,再到晚年时的思考和回顾,每个阶段都应该珍惜和领悟生命中不同的体验和感受。我们必须不断地努力去实现自己的梦想和目标,保持坚定和勇气,为面对人生挫折和困难,通过感恩来更好地珍惜和体验人生的美好和幸福。只有不断地超越自己、不断地挑战自己,人生才能够实现其价值和意义。在这个过程中,我们需要积极地学习和成长,不断地探索和尝试新的事物。

人生瞬息即逝,我们从婴儿到成年人,转眼间便已成长为需要扛起责任的中年人。成年人的社会残酷无情,只有身历其境者才能深刻感受。然而,社会总是关注儿童和老年人,而忽略中年人的处境。中年人作为家庭中的支柱,面临着需要照顾子女和老人的责任,承受着前所未有的巨大压力和挑战,他们当之无愧是家中的脊梁,理应受到重视和理解。

在纷繁的人生中，中年人曾经历过失落和彷徨，他们最终战胜自己，为梦想拼搏，义无反顾向前奔跑，不断地努力奋斗。但现实却残酷无情，面对未来的不确定，他们为了生计而只能妥协，在不断的挫折中，逐渐失去了自我。

每当深夜静谧，他们回忆曾经的青春岁月，唏嘘不已。然而时间流逝不可逆转，追忆往昔，并不能解决目前的生活环境，他们将心中的焦虑和彷徨慢慢沉淀，压在心底最深处，没有发泄的出口。这些积攒的情绪最终会成为压垮中年人的最后一根稻草，引发人生的全面崩溃。

中年人的彷徨和焦虑通常与家庭和事业有关，这也是绝大多数人都会面临的困境和难题。人生旅途已经过半，中年人已经不能像年轻人那样轻松抛下所有，随心所欲地追求梦想，开启说走就走的旅行。他们身负重任，必须负重前行。在前进的道路上，迷茫和焦虑如影随形，他们需要一个不被打扰的安静之地，需要在空寂无人的时候，默默释放内心的压力。

中年人的苦只能自己品尝，无法对着老迈的父母以及年幼的孩子诉说痛苦的压力。他们是撑起这个家的唯一希望，只能咬紧牙关，将坚强伪装成自己的保护色，做出无坚不摧的模样，笑对风雨。

作为生命成长导师，我发现最需要咨询指导的人并不是处于人生迷茫期的年轻人，而是处于家庭和事业稳定期的中年人。

中年人承受的压力和痛苦是整个人生阶段中最大的。他们需要面对亲人生离死别的痛苦，孩子日渐长大带来的财务压力，以及事业或领导带来的巨大压力。这些压力一天天地积累在中年人的内心深处，日复一日地折磨着他们的信念，导致心灵的脆弱和迷茫。此时，他们需要一个疏导源，来帮助他们解开痛苦和迷茫，帮助他们重新坚定信心，构筑全新的生活。这个疏导源可以通过各种方式来开导他们，帮他们解决问题，梳理人生的方向，让他们的心灵平静下来，勇敢地面对扬帆起航，开启全新的中年人生。

在疏导中年人的过程中，我遇见了各种各样的人。不同的他们带着同样的挣扎和痛苦，满脸经受岁月风霜的摧残，步履沉重地出现在我的面前，向我倾诉他们的迷茫和焦虑。看着他们逐渐染上岁月痕迹的脸庞，我感慨万千。只有到了这个年岁，才能真正体会中年人所经历的不易，以及时光的残酷。时光容易催人老，红了樱桃，绿了芭蕉。回首过去的峥嵘岁月，年轻时的意气风发历历在目，而遥望前方，他们看到的是自己即将垂垂老矣的面容，以及逐渐逝去的一张张熟悉面孔，那是曾经陪伴着他们成长的挚友亲朋，他们都在岁月如歌中归于尘土。时间对所有人都是公平且残酷的，我们无力对抗日渐老去的身躯，深刻体会到了人类在时光长河中的渺小。

中年人所面临的问题可以归结为以下三种类型：一是工作

不稳定产生怀疑，迷茫在人生方向上，否定自我价值；二是随着年龄的增长过度焦虑身体健康和死亡；三是中年婚姻危机，面对外界诱惑难以抵挡，导致婚姻走向危机等这些都是中年人所遭遇的最严峻的问题。

  以上这些处于迷惘中的人，他们带着希望得以救赎和解脱的心态，纷纷找到了我，寻求我的帮助与指引，通过我的一系列措施和引导，他们逐渐找到了人生的真谛，可以淡定从容地面对婚姻、事业和生死。

  中年人的许多问题主要源于年龄增长导致的思想转变。我们从青少年一步步成长，年轻时无数次说过不要成为自己讨厌的那类人，但随着年岁的增长，发现自己无法摆脱童年的影响和束缚，越来越向着自己所不愿成为的人靠拢。我们曾经挣扎、迷茫，却敌不过命运的捉弄，越发感觉人生的轨道偏离了最初设想。

  所谓命运弄人，中年人想要改变人生轨迹，重新出发的代价太大，导致我们踟蹰犹豫。此时，我们需要有一个可以与我们并肩作战的人，来给予我们指引和鼓励，告诉我们虽然人生已经过半，但只要心中存有美好，一切皆有可能！

稳定工作、稳定心，如何摆脱自我怀疑？

人生的道路充满了弯弯曲曲，我们只有埋头前行，一往无前，因为我们无路可退。到了中年时期，我们大多数人已经拥有了家庭和孩子，父母也步入老年，需要人照顾。

此时无形中的压力四面八方朝着中年的我们袭击而来，无论是内心的还是外在的，对于中年而言的我们来说，总是那么残酷，犹如一刀插入我们的心脏，毫不留情地快、准、狠，甚至不给我们一刻喘息的时间与机会。即使我们已经筋疲力尽，即使我们已经力不从心，即使我们已经无法支撑，我们只能微笑着面对，我们只能一步步地拖着我们疲惫的身躯在人生之路中艰难前行。

他们不能停下身下的脚步，因为一旦他们停下身下的脚步便会失去一切前行的养分，因为他们是一个家庭的中流砥柱，他们唯有前行才能支撑起自己的那片天空，而那片天空之下，有着他们需要保护与呵护的人，无论你是男人还是女人，都是如此。

作为一名生命成长的心灵导师，我曾见过许多像孩子一样哭泣的中年男性，他们本应是家庭的支柱。我也遇见过许多女性，为了家庭献出了青春和心血，却最终被家庭遗弃、失去了生计。然而，在这些前来咨询的人群中，印象最为深刻的是一位名叫叶子（化名）的男士，而他正处于职业迷茫期。

穿着得体的西装，叶子从容优雅，谈吐斯文，看上去并不像是会陷入中年迷茫期的人。而实际上，像叶子这样的人，越容易陷入困惑和迷茫之中，因为他们的心防往往非常坚固，不太容易向人敞开心扉。

坐在我的面前时，他虽然微笑着向我问好，而我却发现他眼中无法掩饰的疲惫和焦虑，尽管他一直强作镇定。显然他已经控制内心的焦虑情绪，或许他并没有完全地信任我，或许他只是想找一个可以倾诉内心焦虑的人，或许他是不想让自己的工作和生活受到影响。

很多人来找我咨询时，都希望能够快速得到解决方案，让自己重新振作起来。然而急于求成并不能真正解决问题，不能从根本上解决他们所面临的困难。尤其是中年人的心理防线比小孩子和年轻人的更坚固，想要解决他们的问题，必须先赢得他们的信任，让他们主动敞开心扉，说出内心的痛苦和迷茫。

对于叶子也是如此，我并没有直接问他的问题，我向来喜欢给喜欢隐藏焦虑的人更多自我释放的时间与空间，于是我给他倒了一杯热茶，看着白色的烟雾弥漫在房间中，淡淡的茶香随着白雾缭绕而入人的心房。眼前的叶子在慢慢地放下了他的防备之心与他所隐藏在内心的焦虑。

他手捧茶杯，沉默许久后，缓缓开口："我需要帮助，因为我觉得迷茫，毫无方向，我虽然在从事销售工作，但我并不喜欢这份工作甚至厌恶这份工作，可是却又不得不为了生活而继续做着这份工作。

"我年近四十，感到自己和年轻人之间的差距越来越大，中年人在社会中的机会并不多，学习和执行力难以与年轻人相媲美，我担心自己会被社会所淘汰。"叶子先生透露出内心的压力和不安。

"我不算是一个开朗外向的人，相反我十分内向，有时甚至会有轻微的社交恐惧症。"

他将自己的情况和自我分析一一道来。叶子先生出生于20世纪80年代初，如今已经年近40岁，从事大宗商品销售工作于上海。在2020年开始创业，叶子先生创业了3年，最终以结束公司而告终，这3年只有他自己知道经历了什么苦难，一个个无法入睡的夜晚，撕心裂肺的痛，创业路上经历无数黑漆漆的夜，无助和深深的恐惧。创业使他更加迷茫和痛苦，结束创业公司，进入一家销售公司。然而，如今的工作压力令他越发迷茫，尤其是近年来更让他看不清自己未来的职业发展前景，甚至觉得自己在销售这个行业内能否有所突破。正是由于他不善于与人交往，无法轻松面对需要高水平沟通技巧的销售工作，总是容易产生胆怯和退缩的想法。然而，综合家庭等多重因素，他没有勇气再次放弃现有工作，投入新的行业中去。

"实际上，我最初的工作是从事 IT 业务的。这类需要与计算机沟通的工作更适合我的人生规划和发展。不过，我当时年轻气盛，想要更自由、更轻松的工作环境，因此很快就转行了。"

叶子先生笑了笑，同时又带有一份无奈。他向我倾诉了自己的失败经历："我辞掉 IT 工作以后，便打算自己创业做代理。但是在创业之初没有深思熟虑，再加上市场和做事都不顺，创业发展并不好，没赚到什么钱。"说起以前的失败经历，叶子先生整个人都颓丧了，微微低着头，一脸挫败。

"经历了创业失败的痛苦，我曾想重新回到 IT 行业寻求新的机会，然而时光匆匆，技术更新迅猛，几年的离开已经让我与这个行业的脉搏渐行渐远。只能转换跑道，但前路茫茫，之前的积累也化为乌有。我曾尝试从软件做技术，再试着做销售，但两者的差异和我的性格，格格不入。我是个沉静、认真的人，不善言辞、不善社交，在销售领域屡屡碰壁。此时，我真的感到无助和迷茫，不知道该往哪里去。"

适当的时机让焦虑的人有适当的释放，也是一种十分有必要的方式，而叶子如今的年龄与他所处的环境带给他巨大的压力让他倍感辛苦，所以释放内心的不良情绪可以让他变得更加的清晰。

在我认真与耐心地听完叶子的抱怨与描述后,我品了品眼前的茶,随后说道:"叶子先生,您现在最大的困境在于无法明确自己的追求。您的金钱观念未能稳定下来,也没有一个坚定的信念和目标。这样无论您进入哪个行业,都难以长久扎根。因此您所需要的是清晰地认识自己,拥有明确的目标和信念,方能迈向成功的道路。"

然而个人性格的塑造除了天生因素外,家庭因素也对其产生了深远的影响。因此,我并没有立即针对他的职业问题进行深入探讨,而是引导他谈论了一下家庭成员间的关系。

"可以与我谈谈您的家人吗?譬如您的父母、您的兄弟姐妹,更或者是您的妻子与孩子?"

叶子先生看了我一眼,犹豫了几秒,终是开了口:"我出自一个六口之家,是家中的老幺,父母共有四个子女,上有两个哥哥和一个姐姐。父母务农为生,收入微薄,因此,姐姐不得不辍学以补贴家用。而我的两位哥哥中,二哥天生有一些缺陷,一只眼因意外事故失明,父母对他特别照顾。我因为家中最小,父母对我从小便管教严格,哥哥姐姐也受父母的影响,对我也是看管严厉。小时候,我倒是没有觉得有什么,但是随着年龄逐渐长大,我也越来越懂事,我发现我做什么事情、做什么决定不仅需要经过父母的同意,还需要经过家里的哥哥姐姐的认可,就是我上大学这件事,也是我自己力争,凭借自己的努力读书考大学,因为我想改变家里的状况，也改变自己在家里的地位。"

叶子先生的成长历程可谓是充满了限制和束缚。哥哥姐姐的存在让他一直处于管理之下，父母未受过多少教育。父亲性情暴躁，不善言辞；母亲虽然柔和，但对孩子却过于严厉。众所周知，父亲的性格会对儿子产生深远影响，因此，叶子先生的性格也偏向于父亲的急躁一方，言语表达也略显生硬，不善言辞。这样的生活环境形成了他偏弱的自主思考能力。再加上父母思想的滞后，这些因素不仅造就了他不善言辞的性格，同时养成了他犹豫不决的习惯，他缺乏长远规划和明确目标，只能被动应对生活的迷茫与挑战，直到陷入绝境才会寻求转变。这种取舍模式难以为他的事业发展带来显著的突破和成功。

我继续说："伟大的成就常常来自持之以恒的追求。只有不断坚持，才能看到那属于自己的彩虹。然而你所缺乏的，恰恰是那份坚持与耐心，更是缺乏了那份勇气与魄力。"

我说的话一语击中，叶子或许没有想到我会说得如此直接，他陡然挑眉随后拧紧的眉头足以说明他的诧异与惊讶，他抬起头看着我，随后回答道："Marry 老师说得是，我确实深受父亲的影响。他性格内向，平日里话不多，却是位充满爱心的好人。只要有人夸赞他，他就舍不得再干自己的事情，而是会去帮助别人。我的性格也有些类似，容易心软，原则不够坚定。即便别人说甜言蜜语，我也很容易受骗。曾经有人向我借钱，我会借出去，如果不借出去的话，自己也会感到内疚。但后来慢慢地我逐渐学会了处理这些琐碎的事情。因为的我的爱人曾告诫我，言谈间需准确明了，避免含糊其词，从而减少不必要的麻烦。渐渐地我也在经历中成长，遵循着自己的原则去办事。"

听着叶子先生的话，我笑了笑："看来您的妻子非常了解您，您很幸福。"

当我提到了他的妻子，叶子先生的脸上露出了一抹笑意："是啊，我遇到了一位体贴且包容我的妻子。"

此时的叶子先生心情缓和了许多，思维冷静且清晰。于是我针对相应的内容提供了相应的建议和知识。

"您的问题实际上便没有您想象中的那么艰难，您比其他人幸福很多，因为您心中已经明白自己的问题在哪里，而您只要去解决您所认为的问题就可以，虽然在您的心理，您会因为害怕工作不稳定而担心，那么您可以问问自己，您是为何担心，是担心自己的能力不足还是因为其他的原因，但是无论是其他的任何原因，有一点我们需要明白，那就是如果我们自身足够优秀，无论是任何挑战，我们都可以接受，如果我们足够优秀，自信也会随之而来，所以在这些困难面前，其实更多的是您要让自己变得更加优秀，优秀到可以抵挡任何困难的挑战，那就需要您对自己进行能力的提升，无论是内在的还是外在的。"我对叶子先生提出的问题与困难，进行了深刻的剖析。

叶子先生认真地听着，不时地点头表示赞同："那我应该如何去改变，又如何进行自我提升呢？对于这个，我是完全毫无方向的。"

我笑道："实际上这很简单，从最简单的地方开始改变，您不妨先想想如今改变什么是最简单，我们就先去改变什么，在改变的过程中，您会发现自己的成长的。"

当我说完，叶子先生仍旧有些彷徨，我继续说道："譬如性格与工作的方向，我们来做选择，首先习性的养成是长久的也不容易改变，但是便不代表不能改变，我们可以先将这个作为后期的计划，排除这个之外，容易改变的便是工作的选择，那我们就可以从工作进行入手，您也知道，每个行业都需要深耕细作，才能收获成果。这和您的许多老同学很相似，他们多数都在某个领域默默耕耘多年，才取得如今的成就。那么尽管您目前未能适应销售工作，也并不喜欢这个行业。但作为一个思想成熟且理性的成年人，我们应全面考虑问题，这里我需要问您一个问题，换一个工作，您觉得您可以支撑您现在的生活多久，又是否可以在新的工作上比现在的工作更好呢？"

叶子思考了一会儿，之后摇摇头："未必……或许会更糟糕。"

"是的。"我回答道："作为一个中年人，我们往往要思考的因素需要更加全面，不仅只关注个人喜好，更要看到自身生活环境和自身能力的所在，按照您的实际情况来了解，您的原因便不是因为你的工作有问题,而是在于您自身,也就是您自己对工作的态度与方式,所以我建议您需要改变您的工作方式,或许可以让您有新的发现。"

最后在我的劝说下,叶子先生深思熟虑后决定继续从事销售行业。但如何在这个领域脱颖而出,实现更高的成就,我们为他制订了一系列的工作规划。

譬如从被动转为主动,积极出击以寻找客户,并克服社交恐惧等难题,创造更好地与客户和同事之间的交流。譬如从生活的点滴中开始,主动为同事提供力所能及的帮助。与客户交流时,用关心和真诚的语气和行为方式,这些小小的细节改变将令你的销售工作更畅顺。

为了更好地适应工作上的转变,我还建议叶子先生增进与家人之间的联系与交流,尤其是缓解与两位兄姐之间的关系。血脉相连血浓于水,浓郁的亲情支撑将赋予叶子先生面对种种工作困难的勇气,同时家庭和睦幸福也将为他带来工作上的动力和专注。这样,他的心思就能完全放在工作上,不再因家庭烦忧而分神。

叶子先生使用我所制订的改变计划,耗时三月有余,成功实现中年生活的重大转变。

在职场中,他深知自己的缺陷在于口才不佳。为了提升自己的业务水平,他不遗余力地购买了相关的沟通技巧和社交礼仪方面的书籍，并努力实践。通过明确的目标，他勇敢地开拓市场，如今已经成功地将手中的客户资源从 10 家扩大到了 20 家。

生活中，他主动增进与伴侣与子女的沟通交流，以及与兄长姐妹的联系，实现了家庭关系的质的提升。原本的疏离感和压力随之消散，每当下班后回家，都得以身心放松、疗愈，不再被压抑窒息。

三个月的时间，叶子先生发生了脱胎换骨的变化，紧接着我实施第二阶段的改变方案。让叶子先生实现进步和成长，需要多学习修炼自己，尤其是冥想和自省。每天在睡前反思自己一天的工作和生活，认清不足，并时刻保持反省和改变的心态，才能不断攀登高峰并促进人生发展。同时，叶子先生已进入中年，体力和精力等方面都在下降，缺乏年轻人的体能优势。为了更好地应对未来的工作和生活，他还需加强健身锻炼，提升身体素质和各项机能，以更好的精神状态迎接未来的挑战。

在这个瞬息万变的世界里，我们每个人都想要拥有一份美好的生活。但是，美好的生活并非随意而来，而是需要我们持续的付出与努力。生活中的每一天都有它独特的价值，不同的人所看到的美好也各有不同。因此，在实现美好生活的同时，我们需要用心去发现生命中的美好。

每天的工作，每个人都有自己的职责与使命。我们需要认真对待自己的工作，不断提升自己的能力与素质，同时也需要懂得和同事合作，以团队的方式完成共同的目标。这样，我们的努力才能得到回报，成就感和自豪感也随之而来。珍惜我们所拥有的一切，无论是健康、亲情、友情，还是工作、职责、事业，都需要我们去感恩和珍惜。

在生活中，美好往往藏在平凡的日常中。我们可以在家中的小院里观察花草的生长，或是在街头巷尾体验不同的氛围和风景。在旅途中，我们可以欣赏自然风光，感受异国文化的魅力。无论身处何地，我们都可以从细节中发现生活的美好，感受生命中的幸福和快乐。

四十多岁并不是人生的末途，要想迎来繁花似锦的明媚春光。只有不断学习和进步，才能在成熟的年纪依然充满活力。不仅仅是外在的追求，更重要的是内在的提升与自我成长。在人生的旅程中，我们会遇到无数的挑战和困难，但是，只要保持坚定的信念和勇敢的心态，我们一定会迈向更美好的未来。在这个美好的世界里，我们需要认真对待每一天的工作和生活，珍惜我们所拥有的一切，不断提升自己的能力和素质。让我们一起用心去追求美好的生活！

放下焦虑，拥抱生命：学会与生命共舞

生命的真谛在于快乐地享受生活，用真心对待生命中的点点滴滴，我们会在日复一日的奔波中，感受到生命的珍贵和美好，体味生命的多彩和生活的滋味。当我们能够真正融入生活，放下困扰和痛苦，微笑面对生命中的艰辛与挫折，逐渐攀登高山，最终与生活和谐共舞，闪耀出自己独特的光芒。

尽管生命中大多数时光充满平凡与琐碎，只有那些柴米油盐酱醋茶的烦琐杂事，但我们要学会接受自己的平凡与普通，正视自己的人生轨迹，才能够真正活出自己的人生。

诚然大多数人都是平凡的普通人，生活没有那么多波澜壮阔，有的只是柴米油盐酱醋茶的平淡，我们要学会接受自己的平凡和普通，正视自己的生活，如此才能够活出真正的自己。

随着年岁的增长，越发明白自己不过是宇宙中的一粒尘埃，即使是"尘埃"也要活出精彩，学会珍视生活的喜与忧。同时，愈加了解生活的深意，越发怀念已逝的青春岁月，更加珍惜现在拥有的生命。经常会对自己内心说："活着就是一种幸福！生命是值得庆祝的！"

生命中往往会出其不意地遭受猛烈的打击。面对突如其来的变故，我们往往应对不当，很容易失去定力，内心狼狈不堪。而保持良好的心态则是解决生活中各种难题的钥匙。

然而，强而有力的心态并不是人人都能够拥有。自信的人积极面对生活，对待每一天的到来总是充满阳光，深信靠着自身的才华和努力，总能实现理想的人生。

自卑的人容易陷入消极的心态，只看到生活的阴暗面和挫折。面对变故，他们缺乏足够的抵抗力，无法勇敢地战胜困难。但自信与否，并不是影响生活质量的决定性因素。如何掌握生活，提升生活品质，对每个人而言都是一项需要长期坚持并懂得灵活变通的事情，特别是对于中年人而言。

生活不是静止不动的，它需要不断地变化与进化。如果生活毫无波澜，那便如一潭死水，让人备感乏味。我们对于生活有更高的要求，期待丰富多彩的人生价值。挫折和意外是平淡生活中的惊喜与恐惧，而这种突如其来的挫败在生命中时常可见。作为中年人，当生活面临巨变时，承担起保护家人的责任，只是义不容辞之举。即使自己早已情绪崩溃，也必须坚强面对困难，咬紧牙关迎难而上。

有许多突发状况导致生活陷入困境的客户。然而，其中最令我感到震撼和钦佩的是喜儿（化名）女士。作为一位50多岁的可敬长者，是一位难得的20世纪60年代科班毕业的大学生，她的女儿是国内顶尖大学的博士。喜儿女士在即将步入退休的岁月里，第一次见面时，她神色踟躇，流露出一丝不自信和紧张，仿佛迷失在人生的迷雾之中。

她轻声对我说："周老师，我听说您能够帮助人解开人生的困惑。" 望着喜儿女士，她身上散发出一股淡淡的朴素气息，中年人的外表沉稳庄重与内心焦虑抑郁的矛盾状态。她身着简朴的服装，着装较随意可以看出她的精神已经低迷很久了。她微垂着头，眼中流露出胆怯和自卑。只是这些情绪被她深深埋藏在内心，被压抑和痛苦伪装起来，就像是一条潜藏于洪流深处的河流，轻易不让人察觉。

我深知，喜儿女士这样的人必定历经漫长纠结的挣扎，方才鼓足勇气踏入这里。我朝着她温和地微笑，直戳重点，问她是否遭遇了什么困难。对于那些性格内向、不善言辞的客人而言，明确的对话可能更容易让他们放松心情。

他们心中藏着一股烦闷，若无机会倾诉，便会半途而废，勇气荡然无存。他们的内心深处，藏着无数挥之不去的思绪，恨不能借助言语宣泄出来。

喜儿女士沉默思索许久，口欲启而结舌难开，欲言又止，但是最终她望着我，双眼中迅速涌现出雾气，她含泪启口："Marry，我实在不知如何是好。眼下的生活太过混乱，宛如昨夜荒烟蔓草，仿佛一夜之间我失去了一切……"

喜儿女士缓缓开口，将自己的生活状况娓娓道来。

从她的讲述中，我得知她生于六口之家，有一个哥哥和一个姐姐，也有一个妹妹，而她处于家庭中的中间状况，相对不太显眼。然而，父亲和奶奶在她的性格形成上占据了相当重要的位置。这两位长辈都是性情火爆、口齿恶毒之人，在与亲人沟通时总是使用最刻薄的言辞，这导致了她的性格也渐渐形成了这种嘴硬心软的倾向，不知如何与家人以平和之心相处，总是将最伤人的话留给了最亲的人。

"我父亲以前常常用最令人不舒服的方式与我们交流，渐渐地，我们和他的关系也变得疏离。但是，随着我父亲年纪逐渐增长，在进入在60多岁之后，性情有了极大的改善，不会再暴躁易怒。"喜儿女士深有感触地述说道。

倾听她述说家庭，我了解到她的父亲严厉而独裁，孩子和配偶都畏惧他的威严。由此，喜儿女士内心深处沉藏着自卑的情感。

而喜儿女士也凭借自身的才华与努力，考入了大学。在20世纪80年代，可以考上大学着实是一件值得骄傲的成就。喜儿女士却认为自己能够考上大学，与她个人能力和优秀无关。相反而更多的是依靠着幸运之神的眷顾。这种自卑情绪的生产，源于家庭关系的失衡。喜儿女士的亲属，无论是兄姐还是妹妹，都感到深深的自卑，仅仅过着平淡无奇的生活，不敢有所突破，任人摆布，唯恐冒昧。面对挑战，他们毫不积极，宁愿待在舒适区域里原地踏步，也不肯冒险一试。

喜儿女士的兄长是一位工程师，和她一样性格内向且缺乏自信。然而，作为一名男性，他的选择范围更加广泛。尽管自信心不足，但凭借卓越的工作能力，他仍有能力担任小型领导职位。而喜儿女士自从嫁给丈夫之后，受到呵护和温暖备至，内心也会感受爱和温暖。

喜儿女士回忆起那段与丈夫相处的时光，面容平缓了许多，也露出了淡淡的笑意。她说她的丈夫是一名公务员，虽然有时会显露出过于精明算计的处事风格，但对她却是十分疼爱与珍惜。无论是家里的大事还是小事，只要她说的，丈夫都会因为宠着她而为她置办得妥妥帖帖，从来不需要她操心。有丈夫在她身边，无比的踏实与安心，如同一朵洁白无瑕的莲花，在喜儿女士的生命中缓缓绽放。然而，命运的无常却在某一个瞬间，突如其来地摧毁了这一切。丈夫事业上的变故让一切平衡被打破，职业生涯和自由也随之葬送，喜儿女士的生活顿时发生了翻天覆地的变化。这样的改变打破了原本幸福愉快的家庭，面对突如其来的人生波折，曾经备受呵护的喜儿女士失去了战胜困境的力量，几乎在生活的波动中崩溃。

"自从丈夫出事以来，仿佛整个世界都在冷眼旁观，目送我跌入谷底。蔓延的恐惧令我不敢轻易踏出家门，不敢与人交谈，生怕他们暗地里议论我的境遇。如今回想起这段时间所经历的艰辛，我的内心依旧承受着难以言喻的折磨。"喜儿女士的话语中透露出一股无尽的悲痛和苍凉，仿佛她的心灵已被困在这漫长的黑夜中，无法自拔。

在丈夫出事之前，她的生活无忧无虑，无须操心。如今，她却承担了家中的重任，需要处理各种琐事。她背负着巨大的压力，却又无法诉说，只能将这些情绪一层层积攒在心中。近期，她的父母年事已高，身体也多有恙，两人相继住院治疗，让她倍感压力和焦虑。

"就像那天我父亲突然晕倒，经过医院 CT 影像显示出父亲两肺有阴影，需要住院。当我把父亲安置到医院里的时候，母亲又开始发起了高烧。父母接二连三地出现生命的状况，让我顿时不知所措，我感到很无助，内心更是无比煎熬。我觉得自己几乎要崩溃了，我需要帮助，却没有人可以帮我。我从小到大，都没有经历过这样的状况，即使结婚后，发生这样的情况也是由我的丈夫来做。然而，现在只有我自己，没有人可以帮我，我也不知道有谁愿意帮我，而且我自己的身体状况也不好，我真怕哪一天连我自己也支撑不下去……"喜儿女士一边说着，一边开始了哽咽。

我轻声安抚道："一直听您提起父母和丈夫，您的孩子呢？"

喜儿女士说道："我女儿在北大读博士，她忙着学业，我不敢去打扰她。"

"可以看出来您很爱您的女儿。"我说:"但是您应该换位思考,就像您担心父母身体健康一样,您的女儿也同样关心您的身体。如果您不告知您的女儿您目前的状况,若真出了什么意外,她会一辈子内疚,不是吗?"

当我说完这句话,喜儿女士微微发怔。

"你所遭遇的问题根源在于你缺乏自信,因此常常依赖他人并不敢独立解决难题。这一习惯使得你在应对突发情况时缺乏自我调节的能力。或许您可以试着与女儿交流,您女儿已经长大,我相信她有足够的能力来帮助你,陪着你一起渡过难关,您的女儿也一定是一个聪明而优秀的孩子,而且我相信她会更希望您告诉她您的困难,让她陪着您度过此时的难关,也让她给您一个关爱您的机会,因为在她的心里,您也是她最爱的人,也是她最为重要的人,不是吗?"我建议喜儿女士学会与女儿沟通,倾诉自己的问题和压力,从而减轻内心的负担。

人类是社交生物,即便是孤独的人,也会有自己疏解情感的方法。但自从喜儿女士的丈夫出事后,她承受着巨大的压力,孤军奋战。如今,她的女儿成了她生命中的支柱,让她的情绪得以平衡。积攒在内心深处的情绪,有时会像洪水般淹没我们的心灵。也因此,喜儿女士害怕遭人嘲笑的想法,让她更加封闭自己,连精神的平衡都难以保持。

"当下最紧要的还是需要调整好您自己的心态。岁月无情，父母日益年迈，虽不再是我们曾经仰赖的坚强后盾，而我们也已经成长为支撑家庭的支柱，担负起了照顾父母和子女的重任。"我注视着喜儿女士，对她的问题展开有针对性的分析。

"当你回头仔细审视过去的时候，你会惊讶地发现，你早已超越了大多数人，拥有卓越的天赋和实力。你的前半生历经风雨，却在坎坷中展现出了真正的实力。不要否定自己的优秀，不要只看到自己的缺点，而是要积极挖掘自己的优点，相信自己能够战胜任何困难，为了亲情和家庭展现出更大的力量。"我反复强调喜儿女士的出色表现，同时增强她对自己的自信心。因为自信如同一道闪亮的光芒，由内而外散发出不同凡响的光彩。即使身着素净的衣裳，也能散发出别样的生命气息。然而，喜儿女士身上缺乏这份自信的精神气息。

"可是我已经习惯了这样的生活，我根本就不知道要怎么做才能改变现状。"喜儿女士皱着眉头说，她已经习惯被安排，被保护与呵护，可是自从她丈夫出事之后，她便已经失去了可以依靠的港湾。

"可是您如今的处境已经让您不能再像之前那样生活下去，您需要勇敢地站出来面对现实。或许这对于您来说，有些残酷，但是我们都背负自己的责任与义务，逃避便不是解决问题的好方法。但是您也不必如此着急，改变并不是一朝一夕能够完成的事情，毕竟被呵护与照顾是您长期以来养成的生活方式，所以您需要冷静下来，先解决眼前的事情。譬如您可以将您现在的情况与您的女儿，您的兄弟姐妹商量。譬如我们去忽略他人的想法与看法。毕竟我们无法让每一个人都友好地对待我们，既然如此，我们可以去主动地忽视或者是忽略那些伤害我们的言语与眼光，将更多的心思用在我们关爱的人身上，而不让那些不想干的人与事来内耗我们自己。我们可以先做一个规划，将关键的、紧急的、必须解决的事情用笔记录下来，按照规划一步一步进行、一件一件解决。要相信，办法总是比问题要多得多，我们在世界上生存，不能依靠别人，但是也不能只依靠自己的力量，因为我们个人的力量是有限的，社会是一个群体，我们需要和谐、友爱、互助才能真正地改变一切的不美好。"

"这样真的可以解决我的问题，帮我走出困境吗？"她望着我，眼中是期许也是怀疑。

我微微呼吸："亲爱的，我便不能向您承诺什么，但是我愿意陪伴着您，一直到您脱离现在的困境，但是如果不尝试去解决与突破，您将永远解决面临的问题，更无法开启您新的生活。"

她或许是听进了我的话，也或许是因为安静的环境让她变得冷静了些："是的，我已经没有选择了，面对问题，我只能去解决它，也许这会很艰难，但是我只能坚持下去，谢谢你，Marry，感恩有你，能够遇见你，是我的幸运。"

第五章 需要关心　187

看着喜儿女士渐渐舒展的眉头,看着她眼中的犹豫和焦虑也逐渐消散,重新泛起希望的光芒,我相信她一定会成功,一定会开启一个全新的美好未来。喜儿女士作为一位高等教育背景的知识分子,在充实知识的同时,却不乏自卑的情感困扰。她缺乏自信,害怕面对自己,常常依赖他人,缺乏争取权益的主动性。这源于她从小生活在高压政策之下,父亲的毒舌攻击更加深了她的自卑和无力感。

因此,当她遇到困难时,总是寻求他人帮助。然而,随着时间的推移,她需逐渐成长为父母可以依靠的港湾,而生命的色彩也不应只限于家庭。过度地将全部精力投入家庭,不仅局限了自己,也会给家庭成员造成压力。正如喜儿女士,当家庭的顶梁柱不在家时,她内心失去了依靠的力量,容易陷入情绪低谷。

喜儿女士幸运且及时发现自己存在的问题,并积极寻求解决之道。在经过一番挣扎和纠结后,她听从了我的建议,与女儿和兄弟姐妹沟通交流,轮流照顾父母。这种积极的心态改变令她逐渐平静下来并重新振作起来,她开始将精力投入自己的兴趣爱好上。

在每周的课上都可以明显看到喜儿女士的变化,三个月她已经完全由内而外的蜕变,再也不见之前的胆怯与不自信。她听了我的建议,一直在我的两个课程《金钱关系修炼营》和《个人品牌创富营》中反复跟着学习和践行。她逐渐变得自信从容，精神焕发，开启了她自己所热爱的副业学习，并开始用学习的健康知识帮到周围的家人和朋友们。喜儿女士深有感触地说："原来除了家庭生活，还有许多不同的活法！"

她感慨过去的负面情绪让自己在痛苦中苟延残喘，而参与《壹心家园》的系列公益课则让她学会了感受和控制情绪，后来参加了收费课程的学习和修炼，倍感珍惜和认真学习《金钱关系修炼营》修复了自己与父亲的关系，同时迎回了自己。在《个人品牌创富营》中，找到了自己的天赋才华和自己的热爱，在找到自己人生定位的那一刻，生命内在的火花第一次被点燃，似乎外界一切的困难都不再是困难，而是让喜儿女士成为更好的自己的机会和垫脚石。从而跳脱了负面情绪的困扰，生命开始向光而生，向着太阳一样成长，把自己活成积极乐观喜儿的太阳。

她说："感谢 Marry 老师，经过您的指点，我在《个人品牌创富营》重新找到了人生的定位和生命的价值。我参与了卓越演说家的培训计划，实在感觉自己十分幸运。去年 2 月正是在我迷茫的时候，我并不知道自己该怎么办，随便地选了一个课程，没想到意外地被引导进入了演说家训练营，就认识了您，简直太幸运了。感恩您 Marry 老师，您改变了我的命。把我从人生最黑暗的谷底拉了出来，重见光明。

"您说得对,'靠山山倒,靠水水流',唯有自我提升,方能驾驭人生路。深入体悟,我终于明白了,面对生活中的挫折,我们应积极应对。别人如何评价我,又何妨?我只关心自己的人生历程,与旁人毫不相干。

"在 2022 年,我两次遭遇崩溃之痛,生不如死。然而幸运的是,在壹心家园的疗愈下,在您和其他朋友的帮助下,我重获新生。在《金钱关系修炼营》和《个人品牌创富营》终于在命运的十字路口上重新找回了自我。现在我的心情豁然开朗,满怀着对未来的希望,活得更加有力、有意义!"

我很欣慰她终于将那些压在身上的沉重负担放下了,学会了宠爱自己,不再纠缠于琐事和旁人的眼光。如今,她将精力和时间用于自我提升和孝顺父母。

在人生的旅途中,我们所经历的一切都会随着时间的流逝而渐行渐远,无论是欢乐还是挫败,都只是生命中的一段历程。因此,我们应当懂得放下过去,任由它随风而逝,踏实地生活在当下,好好珍惜每一个时刻。

爱重燃，守护婚姻不再危机？

　　婚姻是生命中的一段旅程。它不仅仅是两个人的相遇、相知，还有着更多的意义。它是真正意义上的承诺，是两个人相互陪伴一生的誓言。然而，婚姻里的生活并不总是那么美好，也并非那么简单。

　　婚姻中的人会经历爱情的升华、家庭的建立、事业的追求，以及各种各样的挑战和困难。有时候，衣食住行和沟通上的问题会磨损感情；有时候，第三者的介入会触动家庭的红线；有时候，过分的争吵和冷战会使爱情逐渐远离……

　　所以在婚姻中，爱情是守护者，是永恒的动力源泉。爱情在不同的人生阶段里不断变化，或热烈如火，或深情如水，但这股力量无时无刻不在，就像一座坚不可摧的堡垒，扛住了所有的危机和风雨。在婚姻的长路中，我们应该用心感受爱情的点滴，真切地领会爱情的真谛。当我们历经沧桑、经受岁月的洗礼后，我们将更加深刻地悟出爱情的内涵和承诺的珍贵。

　　婚姻如一根羁绊，紧密地缠绕在男女双方的手上，限制着他们的言行，共同承担家庭的付出和奉献。然而，在这个亲情中,男人的自由度却高于女人。社会通常只期望男性辛勤工作赚钱,而对女性却要求平衡事业和家庭,不仅要在职场上奋斗,也要做一个好妻子和母亲。因此,夫妻之间的贡献和牺牲往往不平等,这种不平等导致背叛现象越来越普遍。

背叛是为了追求短暂的情感刺激而抛弃家庭,对配偶不忠的行为。对于有道德底线的男人而言,这是一场无比矛盾和痛苦的抉择。他们在生理和道德的双重压力下,不时陷入沉思和疑虑,却又难以控制内心的疯狂和贪念。在这种感觉的交织中,背叛成了一种毁灭性的痛苦。从此,他们无法再真正感受到幸福和满足,内心始终被罪恶和不安所缠绕,这种痛苦和折磨会持续到生命的终点,难以摆脱。

作为生命成长导师,我一直专注于研究夫妻关系这个最为复杂的人际关系,探寻解决问题的方法。

杰(化名)是一位青年才俊。他事业有成又有一个幸福美满的家庭。主要从事选址工作的他,通过投资获得了丰厚的收入,年收入几百万元。可是尽管外表看起来阳光灿烂,但内心却仍旧隐藏着烦躁且自卑的情绪,而这种情绪主要源于他的婚姻生活出现了问题。

杰先生烦躁地捂住了自己的脸,带着一脸的痛苦:"我常常会不自觉地将我的太太与其他的女人做对比,总希望她能像其他女人那样温柔一些,希望她像其他女人那样将自己打扮得漂亮一些。但是为什么她的眼里只有油盐酱醋那些鸡毛蒜皮的事情,为什么她不能活得更自我、独立一些,她每天除了问我想吃什么,就是问我明天想穿哪件衣服,或者就是问我关于孩子的问题。除了这些我们根本没有其他的话题,如今面对她,我都不知道该说些什么,有时候我甚至害怕看见她,或者是不希望见到她。我甚至还幻想着在我身边的不是她而是另外一个女人,她温柔体贴,生活中充满了惊喜与浪漫,她与我有很多共同的话题。我们可以去看电影,去约会,我知道我不该有这些荒谬的想法。但是我根本无法控制,因为我的太太她总是带给我一种枯燥无味的疲惫感,我厌烦了这样长年累月十年如一日的生活,这样的感觉让我想逃避。"

我静静地听着他的述说,让他将心中的抱怨与淤积的情绪适当的发泄,只有当他发泄完心中的淤积已久的情绪之后,他才能真正地去看清心里迷雾中的清晰,犹如拨开云雾见明月。当杰先生抱怨完他的妻子各种不好的话语之后,我微微一笑:"现在您是否觉得心情舒畅了许多?"

杰先生点点头:"让您见笑了。"

我笑笑:"其实您的情况便不是只有您才出现,很多的中年人的婚姻都会出现各种不同的问题。"

"真的吗?"杰先生看着我,有些怀疑。

"是的,因为当人到中年之后,社会的压力与生活压力也随之增加。社会的压力很多是因为人到中年之后，产生的社会竞争的增加而引起的，而生活压力是因为上有老下有小，而我们则成了守护他们的主心骨。就像我们中国有句俗话，责任越大，压力也就越大。而社会的压力过大的时候，往往我们会很自然地希望在生活上得到一些舒缓，来平衡我们的精神与内心，所以您说的情况我都能特别理解。"

杰先生看着我，眼中出现了一直感激不尽的眼神："真的是太好了，Marry老师，您能这么理解我，如果我的妻子也能像您这样理解我就好了。"

我看着杰先生，认真地说了一句："那是因为我没有置身于您与您妻子的角色之中，才能看得更加清晰，就像在我看来，您是理解您的妻子，并且还是仍旧是深爱着您的妻子的，不是吗？"

杰先生看着我，眼里初见的那种焦虑感已经有了消散，也因为如此，他对我的防备感慢慢地消失，转而成了对我的信任感。他跟随着我的话语回答："是的，不可否认，我其实也特别能理解我的妻子，也仍旧是深爱着她。我也明白她为了我们这个家非常辛苦，她将家打理得井井有条，她将我也将孩子照顾得很好。每天下班回家，家门口上总有一双为准备好的拖鞋，桌子上有着热腾腾的饭菜，我每天都可以穿着洁白熨得整整齐齐的衬衣。这些我都知道，我知道她的好，但是我要的不是一个保姆,我要的是一个妻子、一个女人。以前的她不是这样的,我还记得她以前总是将自己打扮得漂漂亮亮的,长长的秀发,她的身材也不会像如今这般臃肿,就连她曾经最在乎的皮肤她也不在乎了。我感觉她不是我所认识的那个人,我不知道为什么她会变成这样,难道照顾家庭和做一个漂亮的女人有矛盾吗?"

我认真的听着对面杰先生的声音,从他的语言中,我感知到他的焦虑与矛盾的根源,但是我并未打断他,继续听着他说着:"Marry 老师,您知道吗?我不想让自己去背叛她,无论是精神上还是肉体上,但是我无法控制我自己有这样的想法,所以在有这样的想法之前,我必须扼制这样的想法以避免我做出不可挽回的错误。Marry 老师,您能理解我说的意思吗?您能帮我吗?"

我看着他,点点头:"我理解,我也会竭尽全力地去帮您。"

"事情便没有您想象的那么严重,至少现在您只是有这样的想法,并且在您出现这个想法之前,您知道这种想法需要扼制,您做了一个非常正确的决定。"

在如今的复杂的社会中,对于婚姻的背叛显而易见,各种诱惑萌生也让这样的不良风气形成了常态,而杰先生如此悬崖勒马便是显得十分的难得。

"那您之前有与您的妻子好好谈过您的真实想法吗?"我温

柔地问道。

"谈过,不止一次,可是每一次我们都不欢而散,我与她根本无法正常的沟通,只要我一说,她就以为我嫌弃她,开始与我争吵不休。我上了一天班,回到家里只不过是想要一个安静的、和谐的环境休息,可是她根本给不了我这些。"

我笑笑:"杰先生,您或许需要回忆一下您是在什么样的情况下与您妻子进行沟通关于她形象不佳的这件事?您与她说话的语气又是如何呢?或许您再换一个角度想想,您回到家里,为什么每天都会有整洁的屋子?干净的衣服?热腾腾的饭菜?它们并非从天而降?它们都是您妻子为您为家里所付出的,所以您在外面忙碌的时候,您的妻子也在为你们的家忙碌,你们各司其职,只是负责的方向不同而已。另外,我想问一下,您是否经常出差或者应酬呢?"

杰先生望了我一眼,犹豫了一下,最终点点头。

"您的妻子是否有过抱怨呢?"

杰先生思考了一瞬,摇摇头,我继续笑着说:"您忙碌奔波事业,对于家庭和孩子您给予的时间很少,但是您的妻子对您没有任何的抱怨,家务琐事、孩子的学习成绩、身体健康等都是您妻子一人承担,她任劳任怨不求您表扬,却换来您的嫌弃,若是换成是您,您能接受吗?"

杰先生听着我的话,陷入了沉默。

"您来找我，希望的是改变什么？是改变您还是改变您的妻子？"

我看着杰先生，这句话既是在问杰先生也是在提醒杰先生。

而他也确实在我说这句话之后，有了反应："我……我不知道，我只是很矛盾、很害怕，很恐慌哪一天真的做出了无法弥补的事情来。"

"您这样想是对的，您是一位好丈夫。"我看着杰先生，表示对他的肯定。

或许杰先生并未想到我会夸奖他，在我的夸赞之后显得有些羞涩。

"那您想改变您的妻子？还是改变您自己？"我继续问道。

"改变妻子当然是最好的选择，但是这很难。"杰先生看着我，仍旧陷入焦虑之中。

"杰先生，实际上你们的问题不仅仅在于您的妻子，您也需要有所改变，至少您需要学会克制，譬如您会伤害家庭的想法需要克制，或许这听起来很难，那您不妨试试多想想您与妻子之间曾经的回忆。"

我一边说着，一边开启了柔美的音乐。这种音乐代入的冥想可以让一个人的记忆很快地进入曾经的回忆当中，随着柔美的音乐声，很快效果产生了。眼前男人脑海中闪回着妻子的身影，无尽的美好和哀伤缭绕心头，这是他曾经和妻子共同度过的人生历程。然而,过去的回忆虽然美好,但已经无法帮助他继续前行。此时的他更需要的是唤醒心中那即将消逝的情感,于是我问道:"你可还记得你们初遇的场景。"

男人抬起头,眼神看像了远方,或许他已经开始进入了回忆,我继续问道:"您妻子怀孕的样子,是不是看起来有点滑稽又有些可爱呢?"

听到此处,眼前的男人不禁说道:"是呀,可爱又笨重,像一只熊……"

男人眼中流露着怅惘,看不尽时光的流转,透尽对过去的思念和留恋,可见他对爱依然挚诚。

"您深爱着您的妻子,您也深知你们出现的问题在哪里,而您改变不了妻子,所以真正需要行动的是您。"

"您的模样与曾经都不曾有过变化吗?您难道没有一丝的改变吗?您的酒肚腩是一直都存在的吗?您之前的头发也像如今这般稀少吗?或许您曾经也像现在这般总是带着微微的酒气吗?"

我将我眼所能见到的一一点出,当然我不知道曾经的杰先生如何,我不过是为了点拨他,很多时候,人在犯错的时候,缺乏的便是这及时的点拨之意。

在我的话语中,杰先生才恍然大悟:"我……"随后瞬间语塞。

也就是在这瞬间，答案已经明了，有些话点到为止，我微笑地望着杰先生："情感是一种微妙的感知，慢慢地被生活琐事侵蚀，逐渐失去往日的光彩，这是情感所不可避免的进程。但是当我们意识到情感出现问题时，不应该鞭挞对方的缺点，而应该试图以沟通的方式寻找解决方案。"我引导着他去深思，究竟为了一段未来可能会变质的婚外情放弃如今的生活是否值得。

"或许您更应该思考的是，您认为换作另外一个人，就能保证您想要的一直存在而不会改变吗？能保证她永远都美丽？永远不会被日月侵蚀，永远打扮得体？每天做着家庭的琐事，有足够的保持精致的面容？每天有足够的时间来做运动，保持完美的身材？更有足够的时间，去做皮肤的护理？或许她可以，但是她将会花去收拾屋子的时间，将照顾家庭、孩子和您的时间来做属于保持容貌、身材、兴趣的时间，她既能如此的爱惜自己，又能像您的现在的妻子这般，愿意为这个家庭，为您付出一切吗？"

我的一句句疑问，看似是疑问，却也是善意的提醒。很多的取舍，不是妻子不愿，而是她不得。即使他再次细心挑选出心仪的女子，她是否能够容忍和满足他的欲望，并且一直保持着恋爱时的甜蜜感受。也许每个女人进入婚姻后，都会经历杰先生与妻子这般的心路？

见到眼前的男人再一次地陷入了沉思，我继续说道："杰，您并未想要舍弃自己珍爱的妻子，那您要明白自己内心的渴求是什么？您期望得到的结果又是什么？"

"我想让我的妻子可以与我有更多的话题，我希望她可以有自己的生活，而不是生活中除了我便是孩子，除了做饭就是打扫卫生，我希望她可以变回以前的样子。"在我的不断发问之下，杰先生终于将自己内心的渴求激发而出。

杰先生说完之后，看着我，有些怯弱地问道："这是不是一件不可能完成的事情？"

我摇摇头："世界上没有完不成的事情，只看您是否愿意用心。"

"真的吗？那我应该怎么做呢？"杰显得有些焦急。

杰先生说出了他的内心索求，一切就变能迎刃而解，世界上最担心的不是办法，而是没有找到问题的源头。美好的追求并非意味着要放弃现有的一切，去追逐围墙外的世界，很多的时候我们也可以将现有的一切打造成为我们希望成为的样子。

我笑笑："别着急，这便不是一朝一夕就能改变的事情，所以您要确定自己是否真的要做这件事，是否有陪伴的决心，若是您只是一时冲动或者缺少坚持的毅力，半途而废，那只会让事情变得更加糟糕。换一句话说，这个决心是您是否可以坚持不懈陪伴，与妻子一同改变，这才是这件事的重点。"

我看着杰，他陷入了思考，我便没有打断他，此时的我不应有任何指引性的话语，而是需要他作为成年人责任的决心。终于，他抬头望着我："我愿意也必须那样做，因为我不想失去我的妻子，不想失去我现在的家庭。"

听到了杰的答案，我内心中一种欣慰感油然而生。可是他仍旧需要思考与冷静。

"别这么急着告诉我您的答案，三天，三天之后，若您没有改变如今的想法，仍旧有这样的决心，我会为您制订一个帮助您改变妻子的方案。"

杰没有拒绝的我的意见，而我也在等着杰的决心，或许可以换一句话说，我希望杰的决心是恒久的。

三天后，杰给了我一个明确的答案，他说了一句："无论会有多困难，我也需要试试，因为我爱我的妻子，爱我们的家庭。

杰的回答也让我感到了愉悦，而早在三天前，我便已经做好了给杰"夫妻修行之路"的策划案。

每个人都有自我的选择权，这也意味着需要承担对自己选择的责任。面对诸如是否背叛妻子等路口，需三思而行。要明白，这条背叛伴侣的路满目荆棘、痛苦非常，然而守护婚姻的道路同样需要勇气和责任担当。

困难和挫折往往屡禁不绝地降临于我们生命之路上，这时，我们需要的不仅是勇气和坚定，还需要内心的包容与理解。唯有心怀世间的复杂多样，才能真正提升我们的智慧与修养。

杰先生的经历是一段美丽的故事。在他过去的遗憾中，他曾经沉浸在痛苦之中，然而，通过与我交流，他逐渐发现了自己内心深处的情感。他深深地爱着他的结发妻子，在多年的风风雨雨和磨难中，两人之间也曾有许多摩擦和争吵，但这并不意味着他们之间的深情会因此减少。于是，杰先生开始理解自己的情感，接纳他的遗憾。他学会了静心、学会了利用成长来弥补过去的缺憾，这是他灵魂成长的一次壮举。

包容和理解是内心深处的一种智慧。它需要我们坦然面对生活的复杂性和多样性，以及自身的情感和缺陷。只有在这样的勇气和正视下，我们才能真正理解生命的真谛，走向成熟和智慧。因此，我们必须学会包容和理解，从他人和自己的不足中汲取生命的真谛。相互包容，共同进步，如同一篇优美的文章，需要不断润色才能更加精美。杰先生最终没有背叛妻子，而是与妻子携手共度，致力于改善家庭生活。虽然这个过程艰辛曲折，但是一步一个脚印，通过一系列有序方案实施，他们的生活已经焕然一新，充满了新的乐趣和动力。

当我们再次相遇，他愁容的样子早已经消失得无影无踪。他由衷地感谢我，因为与我的遇见，不仅挽救了他的婚姻，挽救了他的家庭，也让他更看清了何为一切的本质。他说："我总以为是妻子的问题，总用着自己的眼光与想法去评判别人，却不知在这个过程中,我已经偏离了原有的本心轨道,我并不是一个斤斤计较的人,但是我却在偏离的轨道中,成了自己最厌恶的人,而这种表象更是让我对他人有了诸多不满的情绪和意见,谢谢你,Marry 老师,谢谢你及时将我拉回了正常的轨道中。作为一名丈夫,我肩负着重大的责任之一便是与我的妻子共同成长与改变。婚姻并不是单方面的改变,我自己也在不知不觉中发生了转变。然而,我承认我的态度已经不如恋爱时期那般关心和爱护她,也未能尽到一个丈夫应有的责任。这是我需要认真面对和改进的。"

  杰先生深刻领悟到,婚姻是一段不容忽视的人生旅程。而与妻子的携手同行,则是这段旅程的至关重要之处。他明白,无论自己如何成长,都不能忽视身边的伴侣。因为只有在彼此的携手下,才能让彼此一起成长,一起达到更好的自己。只有这样,他们的关系才不会疏远,而是越来越亲近,拥有更多共同话题和语言。因此,他愿意回过头来,牵起妻子的手,与她一起勇往直前,创造美好的未来。

  当杰先生决定与妻子一同改变生活时,他深刻认识到共同努力的意义和蕴涵其中的乐趣。老夫老妻的两人仿佛回到了初恋时的甜蜜感受,生活也因此变得更加美好。

  改变是一条长途跋涉之路,蜿蜒曲折而不失远见。挑战它需要勇气和毅力,然而,它最终会带来巨大的收获。生命中的变故，让我们发现生命的真谛和美丽。生活的激情和乐趣，不需要违背原则，可以通过沟通和积极尝试来实现。杰先生曾历经苦痛和挣扎，然而转念一想，幸福原来如此简单。而他妻子的改变，则是变故中最令他感到惊喜的。

他说："我的妻子曾经一直是一个不修边幅、缺乏自我追求的人，生活中显得有些懈怠、沉闷。但是经过我与妻子多次的良好交流与沟通之后，她开始认识到自我提升的必要性，着手改变自己，让自己更加美好。

"她报名学习了花艺课程，将鲜花融入自己的生活中，每天享受崭新的仪式感。花儿让她的生活变得更加精彩、更加生动、更加美丽。她用双手巧妙地摆放每一朵花，让家充满生机和活力。她还开始学习瑜伽，严格管理自己的身体。长时间的练习和坚持，让她越来越灵活、越来越健康，人也变得更加苗条年轻。她获得了自信、活力和更好的身材，展现出更加自信的精神面貌。

"不仅如此，妻子重新学习了自己的专业——翻译。儿女如今越发长大，需要她时刻照顾的时候越来越少，她终于拥有了属于自己的时间，可以重新投入自己感兴趣的工作中来。为了兼顾家庭和工作，她选择了线上翻译的兼职，让自己在学习中获得了更多的收获和成就感。每一次翻译，她都用心去做，积累了更多的经验和技能，让自己变得更加专业。

"Marry，我真的十分地感谢你，不仅是因为你挽救了我，你在挽救我的同时挽救了我的家庭，最重要的是你改变了我的妻子，改变了我妻子的人生。现在每当我看着妻子，便能感受到了变化的能量，妻子如同新生，记忆中那个外表邋遢，总是抱怨的女人已经从妻子身上消失殆尽。如今，她更加优雅、更加自信、更加有韵味。这场改变让生命的色彩更加丰富多彩，让生命的价值更加充满意义和深度。"

"能利他人、帮助他人，也是我在生命成长过程中的本源，我也非常感谢您的信任，您的信任不仅帮助便解决了您自身的问题，同时也让我在生命成长利他的福愿上增加了一份。"我缓缓地微笑回答。

伴侣的选择是一场相互的缘分。他是知己、是战友，是你最坚实的后盾，也是你最温柔的守护。夫妻之间的感情离不开交流和共识，只有共同面对这个世界的千变万化，我们才能够守护爱情的火花，长久而不灭。当然，这个过程中，总会遇到一些挑战和困难，但只要与那位携手走过的伴侣一起，你就可以开心地面对未来，勇往直前走向更美好的明天。因为，在爱的世界里，每个人都应该拥有一个属于自己的幸福结局。

理念解析：

解决一切问题的核心，就是提升自己！

解决一切问题的核心，就是提升自己！

解决一切问题的核心，就是提升自己！

重要的事情需要说 3 遍，印记到自己的血液中和潜意识中。

在这个充满机遇与挑战的时代，每个人都会遇到个人问题和难题，而在是否逃避它们的选择上，人生道路也会形成不同的轨迹。但无论何时何地，我们都需要明确自我提升的重要性。

学习、探究、思考和交流等多种方式，都可以不断提升个人能力和智慧，来更好地解决问题。通过这些方式，我们能够摆脱束缚，开阔视野，发挥深入思考的能力。

我们也需要审视自我，发现自己的局限和不足，积极改善自身。在挑战个人极限的过程中，我们要保持积极的心态，探索新的领域。只有不断学习和探索，才能够不断扩展视野和思考。通过积累、反思和总结，我们才能深入理解问题，并找到更有效的解决方案。

与他人沟通、合作，共同进步，也是提升个人能力和智慧的重要途径。通过交流、理解和容忍，我们可以从各自的经验中汲取营养，不断提高个人能力。这也能促进彼此和谐与共存，增加信任和理解，让我们更从容地面对挑战和问题。让我们共同努力，挑战自我，创造更美好的未来。

落地方案：

1. **内外兼修，"内"指的是修心：日静心，日读书，日反省**

内外兼修，这是一种古老而又传世的修行方法。它所指的内，指的是在自身内部修炼，不断净化心灵。它需要的是一颗平和而又恒定的内心，需要人们不断地净化自己的思想，不断地反省自己的言行，让心灵得到最大的宁静与净化。

在这个快节奏的时代中，人们总是忙于各种事情，很少有时间静下来思考。内外兼修所强调的内心修养，正是人们需要的东西。它需要人们与自己的内心建立联系，打破与外界的联系，让自己的内心得到最好的修复。

日静心，这是内外兼修中最重要的一部分。这需要人们不断抛弃自己内心中杂七杂八的想法，让自己的思想始终保持在最纯洁的安宁状态。它需要人们不断跳出烦琐的思维模式，去观察自然界中的万物，从中获取到思想的乐趣。只有这样，我们的内心才能变得清澈透明，让人们的思想得到最好的修复。

日读书，读书是人类认知世界的最好方法，让我们更有深度的认识到自己内心深处的世界。通过不断地阅读，人们的思想得到扩展，打开局限的认知边界，让我们知道了更广阔的世界，才具有更强大的知识储备和更丰富的思想活力，从而更好地认清自己。

日反省，反省自己的言行，这是内外兼修中最难的一部分。人们总是难以跳出自己，去认真地审视自己的言行，这也是我们最需要做的。只有不停地检视自己，才能让我们的内心更清晰，让我们的思想更健康，从而更加充实我们的精神世界。

内外兼修，内心修炼。让我们在忙碌的世界中，停下脚步，静下心来，去认真审视我们自己的内心，让我们的人生变得安宁、丰盈、喜悦、绽放，让我们的思想更加健康，让我们的人生走得更加坚定。

2. 内外兼修，"外"指：修形、修行、修言（日健身、健康饮食、优美健硕的体魄）

外修，不仅是一种生活方式，更是一种态度。它是对身体的关爱，对健康的追求，对美好生活的向往。

日健身，是外修学问的基石。一天吃两餐，接近40岁的时候，身体的运行机能减缓，是饮食控制的第一步。以清淡、健康、营养的饮食为主，尽量避免吃油腻、辛辣、高糖、高热量的食物。

锻炼身体，提高体质，是外修的另一个重要环节。如慢跑、瑜伽、游泳、健身等多种方式可以让身体得到充分锻炼，增强体质。

此外，优美健硕的体魄也是人们外修所追求的目标。从外表来看，身材匀称、皮肤光滑、发丝柔顺、气色红润等美好的体征，都是外修的成果。在这个瞬息万变的时代，外修并不仅仅是一种追求美颜的方式，它更是对身体的一种负责任的态度。接近40岁时，身体机能已经开始走下坡路，我们需要更加刻苦训练身体，才能保持健康和活力。在饥饿的状态中，人体会启动细胞自噬，新生细胞会吃掉死去的细胞。这种方式可以帮助我们更好地保持健康，减缓身体的衰老。

外修，是一种让人们对自己更好的关爱方式。它提醒我们，生命只有一次，珍惜每一刻，照顾好自己，才能活得更好，更精彩。

修行（语言，恩言，形态，谦和得体），持续拓宽自己的认知边界，跨行业学习。

修言：心若菩提，口吐莲花，口吐恩言。意思是要有一颗真诚善良的心，只要开口说话就讲吉祥、祝福和感恩的语言。

3. 持续做公益，保留一颗善良的心

善良的心是人类最珍贵的品质之一。它是我们内在深处最温暖、最柔软的一部分，也是我们与他人建立真诚、持久友谊的基础。虽然我们面对这个世界的挑战和艰辛，但持续做公益，保留一颗善良的心，却能让我们的生命焕发出无限的光彩。

每个人的人生都会经历很多不同的阶段，有欢笑，也有泪水。在一些艰难的时刻，我们往往会选择闭门造车，悲观地看待周围的世界。但是，当我们拥有一颗善良的心，我们会更加

敏睿地察觉到他人的疾苦和需要，而且会积极参与公益，关注社会焦点，为他人提供帮助和支持。我们的内心会因此变得更加平和与喜悦，同时也能让别人感受到我们的温暖和关怀。

公益活动，本质上是一种无私的奉献精神。每个人的参与，都是为了尽自己的一份力，帮助那些需要帮助的人们。这不仅有助于我们提升自我认知能力，增长见识，学习团队合作精神，而且还能够让我们不断地激发出内在的慈悲心和善良品质，从而提高我们的人格素质和社会责任感。

保留一颗善良的心，意味着我们能够通过自己的行动，为身边的人们带来希望和幸福。每个人都有无限的能量，只要我们愿意去尝试，就能够通过自己的努力，让善良的种子在我们的心田中生根发芽。在这个过程中，我们需要不断地学习与探索，以期能够成为更好的人，为这个世界带来更多积极的变化。

最后，我想说，保留一颗善良的心，并不是一件容易的事情。它需要我们不断地去审视自己的内心，敢于面对自己的缺点和不足，也需要我们去发掘自己的潜力和可能性。只有这样，我们才能够成为真正的善良之人，在日常的生活中彰显出真善美的力量，让我们的人生更加充满意义和价值。

解决一切问题的核心,就是提升自己

清单·notes

清单·notes

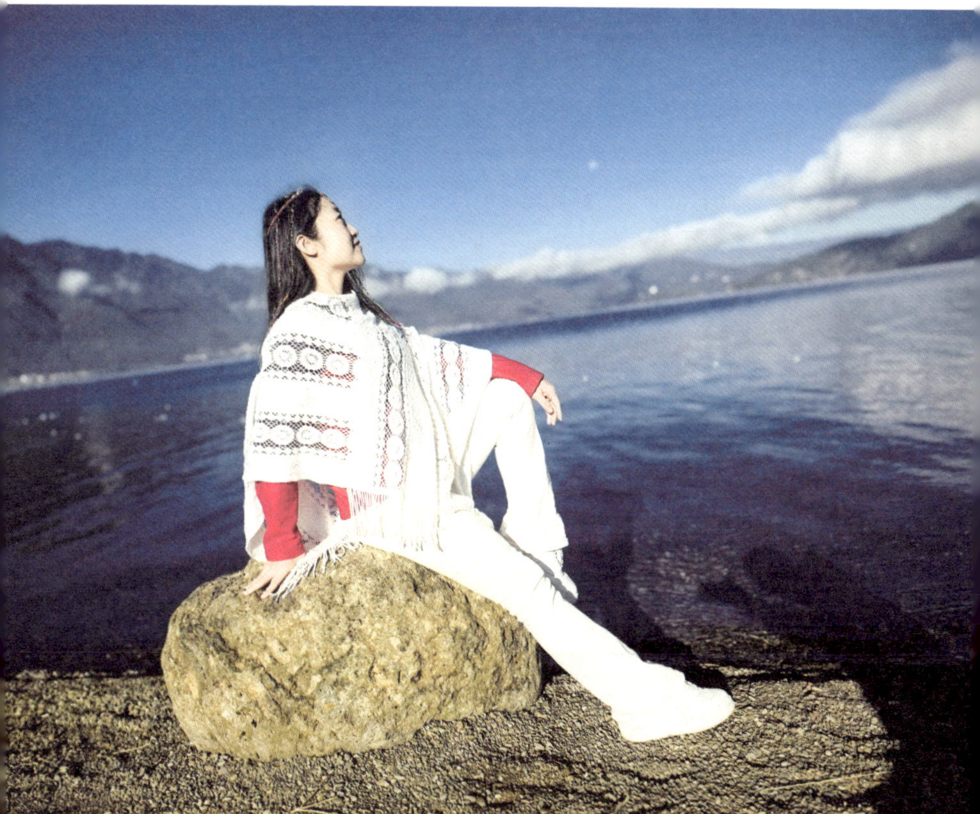

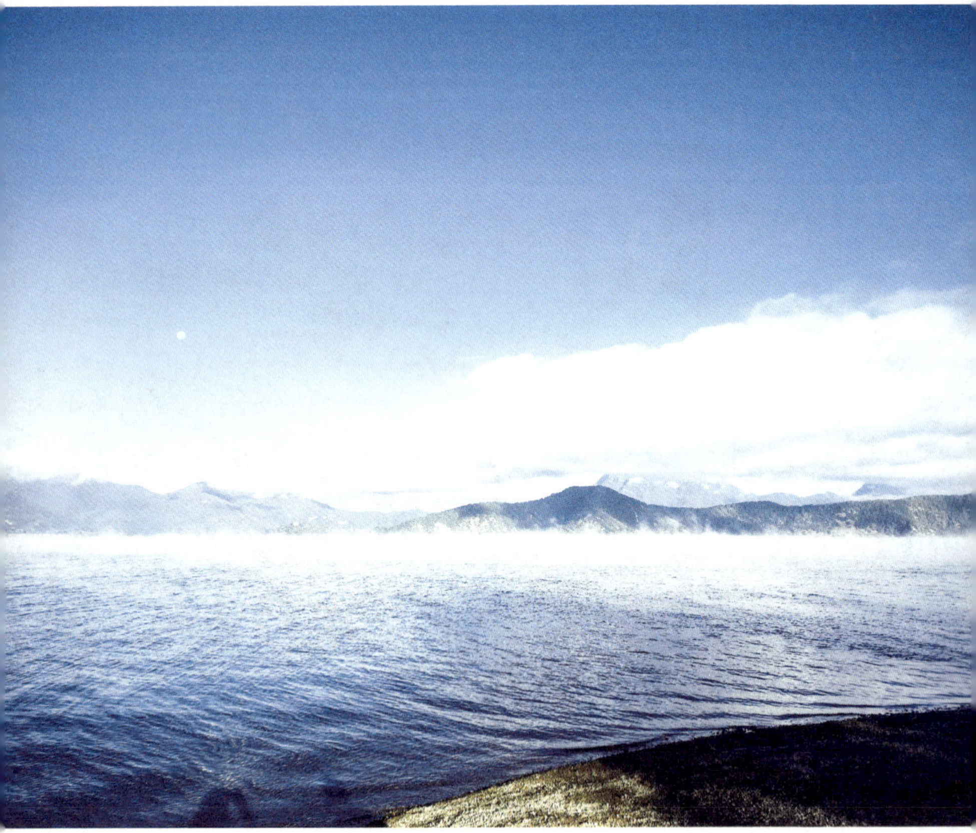

认为不行的时候，才是真正的开始！

第六章 成功创企

成功创企的赋能核心

稻盛和夫先生说："认为不行的时候，正是工作的开始。"

成就事业的关键，比才能和能力更为重要的是当事人的热情、激情和执着。要如同甲鱼一般，一旦咬住就决不松口。当你认为不行了的时候，正是工作的真正开始。如果拥有强烈的热情和激情，那么，不管是睡着还是醒着，从早到晚，整天都会苦思冥想。这样一来，愿望就会渗透到潜意识，在不知不觉中朝着实现这个愿望的方向前进，使我们走向成功。

要想成就辉煌的事业，必须有燃烧般的激情和热情，坚韧不拔，奋斗到底，不成功决不罢休！

涅槃重生，上市企业创始人的人生修心

涅槃重生是上古传说中的凤凰一族能力修为提升的一种独特的技法，置之死地而后生，是将自己的内与外进行一次灼热的燃烧力量，它会战胜一切黑暗与污浊，可以带给世间美好与光明。所以凤凰的涅槃重生代表着光与明，代表着希望与新生，那也意味着，在光与明到来之际，凤凰都需要经过一次脱胎换骨，在烈火中将自我灼烧的煎熬。唯有可以忍受此等无法言喻的痛才可获得无比巨大的能力，方可获得自我新生的力量，带来光与明的一切。

凤凰的传说，更是一种生与死的命运转换。看似已经毫无生机的烈火中，却隐含着令人无法想象的力量，而这种力量带来的却是每个人都向往与期望的美好愿景。这也是为何凤凰的传说总是那么的令人着迷，让人为之疯狂，便是因为如此，问世间之人又有谁不想有着美好的一切，让自己拥有战胜一切磨难的力量，改变残酷的现实。

而我也在我的周围亲眼所见真人版"凤凰涅槃重生"的故事，他是我的一位挚友，我们曾共同创办了"壹心家园"。在与

他交流之前,我便不知他曾经所经历,更不知他便是传说中的涅槃成功的那只"凤凰"。

他为人谦和,待人诚恳,脸上总是带着一抹和煦的笑意。第一次与他相识,是在刘仁杰师兄的私董会上,初次见面,我被这位师兄给到仁杰师兄经营企业的建议深深震撼,心想他的人生到底经历了什么,竟然有如此深刻透彻的见地。

过了一周,这位师兄来听我给150多位企业家们的经营报告会。在经营报告会上,我分享了我的人生几次痛彻心扉的起伏,全场的企业家都被感动得默默流泪。这位50多岁的师兄哭湿了好几张餐巾纸。中午大家一起午餐时,这位师兄还打趣道:"几十年了,没有听别人的故事把自己这么哭成这个样子。"结束后纷纷与我沟通、鼓励和欣赏,我很感恩大家的善良、真诚和坦诚。

后来我又为企业家朋友们培训"智慧沟通"公益课程。这位师兄为了答谢,送了我一本他写的书《沃尔得之鹰》,我从书中才了解到这位师兄走过了很多人生的大风大浪,真心值得敬佩。

后来师兄邀请我一起参加了"先知舞者·智慧之旅"生命成长课程。活动中,我与师兄面对面彼此交流,活动的主题是需要交付对方彼此的信任,给予人生中最大的痛苦经历。我交付给师兄的是我小时候所经历过关于原生家庭带给我无法泯灭的痛，而师兄带给我的便是他"浴火重生"的故事。

师兄说，他曾经经营着一家上市集团，坐拥数亿资产，可是却在几年来的市场的冲击下，他辛苦经营几十年的江山在一朝之间轰然倒塌。就在此时，一种艰难的抉择在他的眼前，自我利益与投资者利益的选择，他选择保护投资者的利益，将自己的大部分私有资产卖掉，以此保护投资者的利益。在利益与保留初心中，他选择了初心，兑现当初给投资者许下的承诺，与此同时，他也承受了从人生巅峰跌入到人生的低谷时期。我还记得，当我听到此处的时候，我内心是震撼的，是不敢置信的。他说得如此风轻云淡，他说得如此笑意和煦，他说得如此漫不经心，可这是一个聪明人都不会做出的选择，而师兄是一个如此聪明绝顶的人。

师兄说，不忘初心，遵守承诺，是生而为人的根本，人之所以为人，因为有心。人之所以为人，便是因为有心，无心有何而为人。

而也正因如此，当师兄再一次决定启航之时，他的向善之心吸引了向阳之光。那些曾经的投资者再一次地信任他，再一次地选择了他。而他也在向阳之行的选择中再一次地开启了人生的新生之路。成功的浴火涅槃重生，企业与他的人生再次开启了新航线。

师兄的经历让我在生命的成长中又茁壮地增长了浓厚的一

笔,更让我在企业、人生与生命成长的关系中有了更深刻的意识。无论人也好,企业也罢,都是如此。企业终究是人在运作,企业的曲线也是随着人生生命成长的曲线高低起伏,无法一直风平浪静、一帆风顺。所以要让企业可以突围,就需要人心所向,而心之所向,终究需要阳光与善良,需要利他而益己。因果循环,善有善报,恶有恶报。这句话非常形象地阐明了师兄得到美好结果的原因,因为师兄当初种下了利他之人的因,这便是他的心之所善。而当他的人生突破了种种煎熬与磨难,他种下的善因也为他带来善果,他曾经选择兑现投资者的利益也为他带来投资者对他的信任与期待。为此,当他浴火重生之后需再次起航之时,这些投资者仍旧愿意为他而投资。换言之,企业的命运更多的是看企业领导者的本心之所向,而在这个旅程中,更是一个企业领导者的修行、修心之旅。

当然,师兄的故事本身是无比残酷的,从曾经的顶端与巅峰狠狠跌落谷底,这就如同凤凰浴火。在烈火中灼烧自我的内心与肉体,在这个过程中所承受的煎熬更是我们所不能想象的,或许唯有亲身体验之人方可体会。

曾经应有尽有,享受着人间繁华,却也在一夕之间,失去所拥有的一切。打拼一生的江山,空也;所打造的王国,亡也;挚爱的父亲,走也。试问有谁可以承受?所以在浴火重生的这条路,也并非所有人可以承受。很多人在这烈火中便焚身而亡,因为过程的艰难，难以忍受，不如放弃，放而任之，将自我焚烧在烈火中，就此熄灭，一朝一夕，空空如也。而有的人坚强如铁，在烈火灼烧中化去了冰冷的外表，在烈火焚烧出艳红的铁浆，在内心的煎熬中醒悟，为何我败了？为何我会失去所有的一切，我曾经的路为何弯曲？在烈火灼烧中逐渐冷却，冷却之后，呈现出的生铁之力，他看透了，他接受了自己的错误——我错了，错在何处；我失败了，我败在了何处；我灭亡了，我又灭亡在何处。在生铁的力量之下，他还活着，他拥有了更巨大的能量，这样的赋予让他再一次地启航，逆袭而上，仅剩无几的他如凤凰那般涅槃浴火重生。

感恩遇见，感恩曾经与我共同创办"壹心家园"，一起公益分享近 300 场，共同走在行大愿、利大众的路上，感恩胡洪军师兄！

企业涅槃：从跌入深渊到修行新生

在一个经济寒冬的年代，有一家中型企业陷入了深深的困境。销售下滑、员工离职、亏损不断、经营前景黯淡无光。企业领导者只能眼睁睁地看着自己的事业一败涂地，深感无力回天。他开始怀疑自己，为什么会造就今日的局面，是自己的经营理念过时了吗？是自己的能力不足难以维持企业生存了吗？他冥思苦想，想给自己寻找一个答案，想突破眼前的困境，可是无论他怎么寻找，仍旧找不到那个出口。在答案的面前，他束手无策，又不愿意看到一生的心血就如此付诸东流，在绝望煎熬之际，他找到了我。

我曾经在电视媒体上见过他容光焕发的神采，见过他面对媒体的询问侃侃而谈，而如今再见，他却是不忍入眼的落魄与潦倒。他凌乱无序的头发更让他显得颓废，通红带着血丝的双眼布满了辛酸与煎熬。

在他还未开口之时，我便是开了口："您需要休息，无论遇到什么样的困境，首先您应该要考虑到自己的身体，让自己的精神恢复才能更好地去解决问题。"

或许是于心不忍，也或许他让我想起了我的师兄，虽然我从未见过我师兄曾经落难时的样子，但是这样的过程与经历，总归是一样的，如此煎熬。

"可是我睡不着，我一躺下，我就想到我身后无数的债务，想到我一生的心血将毁于一旦，就想到我将失去现在拥有的一切，变得一无所有，我甚至可以想到有多少的人会在幸灾乐祸。"

幸灾乐祸？这四个字让我着实的惊讶："幸灾乐祸？您为什么会这样认为？"

"不是吗？曾经的我辉煌在顶端，想从我的身上获取利益。大家亲近你，靠近你，阿谀奉承，可心底下早已将我从头到尾地漫骂不知多少遍，这不就是人？在你辉煌的时候，亲近你；在你落魄的时候，远离你，嘲笑你，甚至还在你身后来一脚落井下石！"

"您曾经也这样吗？"我温柔地看着他却问着最残酷的问题。

他眼神一紧，回答了我一句："也许吧，我不记得了。"

我看着他："至少我不会。"

他抬眼看我，眼神是质疑的，我微微一笑："至少我不会心口不一，因为我不喜欢为与自己无关的人或者事去内耗自己的内心。譬如，您今天未走到我这儿，或许我会在某个时间点或者某个地方听到有关于您的消息，但是我只会在内心感到唏嘘，却不会向您说的那般幸灾乐祸。而事实上，也不是您想的那般，往往人在低谷的时候，会将事情想象成最糟糕的样子。"

听着我的话，眼前的他沉默了，他望着前方，此时的他比之前的状况有了一些好转。我知道我的话起了一定的作用，他愿意听我说，这便是一个好的开始："您愿意与我说说，您当年的故事吗？我知道您是白手起家，一身豪情壮志的热情成就了今天。"

我的话非常成功地引起了他的兴趣，他看着我，开始述说。他说着当年他从一个收破烂到如今的制造商的故事，他从一个空瓶到一个铁皮逐渐堆积了他的第一桶金，他被商人无情地耻笑他身份的低微，他用着第一桶金开启了从收废品到制造的转变。他从1个人到5个人，5个人到10个人，10个人到100个人，100个人到1000个人。说着他从几平方米的一间破小屋变成了一间车间，一间车间变成有10个车间的小工厂，又从10个车间到几十个车间的中型工厂。说着他从自行车换成了摩托车，从摩托车换成了小轿车，从小轿车换成大奔的过往。说着不知道为什么跟着他的那些兄弟一个一个地离开他，即使他给予再多，也留不住那些同甘共苦的兄弟的心，为什么最后他的身边没有一个足以信任的人。说着他看着自己的企业从上千人的工厂慢慢地变成了不到100人的工厂。说着繁忙的几十个车间变成了如今安静的可怕的几十个车间。他说他不明白，不能理解，为什么他会变成这样，他一直那么努力，为什么他的企业会出现这样的情况……"Marry 老师，您能告诉我，我为什么会变成这样吗？"

他话中的语言痛苦，可是我并不同情，当我从局外者看他的经历，我唯一有一句话，也是我询问过他的一句话："您还记得您的初心吗？"

"初心？"他重复着回答我的话。

"是的？初心，也就是你办厂的目的。"

他看了我一眼，陷入了思考，许久之后："改变我的人生，我是一个收废品出身的商人。与生意场上的朋友相比，我收废品的身份让我一直低人一等，所以我想改变我的人生，让他们不再嘲笑我。我努力地赚更多的钱，努力地改变自己，我想维护好我的个人形象，让他们对我另眼相看。我想带着那些与我一起奋斗的兄弟过上好日子，不再受穷受苦受难，被人看不起。"

"您的初心没有错，想改变别人对您的看法，后来您做到了吗？"

"算是做到了吧，但是……"没有等他说完，我已经说出了他没有出口的话："可是当您再次落魄之后，那样的嘲笑比之前更加糟糕，更加可怕、更加变本加厉，是吗？"

我的话让眼前的他震惊："您怎么知道？"

我微笑："您从一开始就错了，您的初心要改变自己没有错，但是您想得到别人的尊重，并非用金钱去堆积财富就可获得的，或许财富可以让人获得短暂的尊重，但是那种尊重是虚伪的皮囊，当消失之后，露出的仍旧是不善的真容，甚至会得到更多的嘲弄。要改变自己获得他人的尊重，需要付出的是真心。您尊重他人，他人回报于您的必然也是尊重，您虚伪地对待他人，得到的也只能是虚伪的回馈。您想想，您成功之后，您是否也对他人付出过真心，是否有过自大与自负？您说您身边没有一个值得信任的人，您想想，是否对您的兄弟有过某些不当的行为，很多的时候，尤其是我们在高端之处，会因为周围环境的烘托作用，让自己的形象变得无比宏伟，总觉得自己就是对的，所有人就需要听从我们，不得忤逆我们。在顶端之处，我们会将自身的贪婪、欲望过分地放大，有时会目中无人、狂妄自大，您有过这样的时候吗？或许您应该仔细想想曾经的心经历过了什么，什么做对了，什么做错了，或许您更需要的是进行心灵的洗涤、内心的修行，也就是修心，或许您的问题就迎刃而解了。"

他再一次地陷入了沉默，好长的一段时间，我们彼此安静，唯有听到时间的钟声，闻到淡淡的茶香。终于他再次开口："是的，您说的不错，经过我的不懈努力，我是变得有钱了。我买很大的房子，开很好的车，在生意场上表现出来一种很富有，毫不在乎钱的样子。我每天很注重自己的外在形象，害怕被人看出来我之前是收废品的。我的虚荣心越来越强，我的脾气也随之变得越来越古怪。曾经一起打拼的兄弟们劝我低调一些、稳重一些，但我却固执地认为他们不懂，他们是嫉妒我。后来我变本加厉，目中无人，狂妄自大，我从来不听他人的建议，我只做我想做的、听我想听的，一旦有与我意见不合的人，我就认为是与我站在对立面，随随便便就让公司人事开除走人。很多最初创业时跟着我的人渐渐也无法忍受我的改变，纷纷离开了我；而留下来的人大多是一些对我言听计从、阿谀奉承之人。公司里的骨干走了之后，我的工厂也慢慢地停了下来，以前的兄弟们也因为我的不知好歹而逐渐远离了我。那些生意场上一开始瞧不起我，后来我变有钱之后又对我热情洋溢的所谓的朋友，在我生意开始走下坡路之后，又拿出来他们最初的态度。"

"是啊，这就是您变成如今这般的原因，作为一个企业来说，最重要的是人才的培养；而作为一个企业管理者来说，重要的是身边有人可信、有人可用。一个能够正常运转、能够积极发展的企业是不可能单靠一位管理者就可以实现的。如果您的身边没有好的军师为您指点迷津，没有清心明义的人提点您，没有忠义的人为您保驾护航，试问您自己的力量又怎么可以支撑一个企业的发展呢？个人的力量终究是有限的，不是吗？"

"是的，是的，我错了，可是我该怎么办呢？如今的我还能挽回一切吗？"

我望着他，我不能保证他是否可以回到当初的辉煌，但是我至少可以让他重新站立，找回曾经真正的初心。

"是人都会犯错，您应该庆幸在事情还没发展到不可挽回的地步之前就认识到了自己的错误。犯错并不可怕，虽然已经发生的事情对别人的伤害是不可避免的，但对于我们个人来说，内心的改变才是最重要的。而您现在最需要的就是对于心灵的洗礼，不管之前您做的是对还是错，您都需要坦然面对、坦诚接受；再者，您之所以后来会偏离您最初的计划，一定程度上是因为内心不够坚定，太在意别人对您的看法，这与您之前的职业有一些关系，收废品的身份让您的内心有一些自卑，您渴望通过金钱和外在的形象来弥补这种自卑，殊不知正是这样，才会使您迷失方向。事实上，人最重要的是正直、善良，是拥有做人最基本的道德底线，是与人交往中的互相尊重。这些表面上看起来都是最简单的，实际上却是最难一直保持的，这就是我们所说的初心。多少人因为忘记了初心而迷失了自己，最后追悔莫及。而您趁现在还有机会，还有挽回的余地，需要扪心自省，去寻找自己的初心，去对自己的心灵进行一次深入的探索，去思考自己到底需要的是什么。抛弃那些不切实际的虚无假象，抛弃那些所谓的面子，从内心深处发掘自己内心的真实感受。

"那些您曾经无意伤害过的兄弟们，都是与您有着深厚情谊的。您更需要与他们重新建立起友好的关系，去找寻你们之前一起奋斗的感觉。一些错误，我们及时改正；一些失去的，我们及时去寻找，找回那些您丢弃的珍贵的初心。因为那才是您可以凝聚一切力量的本源，您要开启您的新生之路，要依靠众人的力量。您的身边有支撑的力量、有智慧的能量，又何愁不能重启您的企业之光呢？"

这位企业家听了我的话，顿觉茅塞顿开，很快地，他就开始了一段心灵的修行之旅。首先他闭门思过，找寻自己丢失的内心。他回忆起年轻时的坚定、回忆起梦想的初衷、回忆起与那些兄弟度过的一个个夜晚、一个个难关，那些举杯的共饮、那些彻夜的畅聊。

他一个一个亲自上门，道歉、挽回，他不知道自己会不会成功，但是他还是希望这么做，因为他欠这些兄弟一个道歉，为自己曾经的狂妄与自大将他们驱赶与丢弃而道歉；他欠兄弟们一个承诺，曾经他们举杯共饮要让自己出人头地，而他出人头地之时，却忘记了对兄弟们的情义与承诺。他的真诚让那些离开他的人逐一地回到了他的身边，他的身边有了可以支撑的力量、有了智慧的锦囊，他那颦危的企业又逐渐地恢复了生机。

他与企业的黏连，与企业开启了涅槃之旅。这一次，他不再虚妄，而是谨慎前行，更加用心，在内心的叩问中，他重新审视自己的商业模式、思考自己的企业理念。当他发现自己的企业文化底蕴欠缺之时,他开始了企业管理与理念的学习,他开启了员工的建议制度,打开了员工意见之窗。他更是在员工的支持下,重新规划了企业的发展战略,重建了企业的文化氛围,深化了企业的社会责任。

他不再关注眼前的利益,而是更看重企业的社会价值。他创造了一个新的商业模式,让企业与社会更好地融合,不仅实现了企业的涅槃,也收获了自己的心灵救赎。通过心灵的洗涤与修行,得到与失去的转换,他更加意识到,企业不仅是为了获得利润的机器,更是一种社会责任和文化传承的载体,他的企业重新焕发生机,再次踏上了启航之旅。

在许多的企业中,大多的企业家都将企业的发展与自我内心的修行分开,一味地去追求利与益,殊不知如此只会让自我内心的修行偏离正规。自我内心的修行属于阳光、正义、善良之途时,修心赋能于创业,因为企业家自身与企业的发展是本命同源,企业家的内心若是处于背光的一面,他也无法吸引向阳的能力,当企业家缺乏向上向阳的正能量之光,企业家做出决策也会处于一种偏离正规的轨道,而企业也会逐渐走向毁灭。为此企业家要进行不断的自我内心的修行,这是一种心灵的成长和锤炼。只有通过这种方式,我们才能克服各种困难和挫折,保持内心的平静和坚定,实现梦想。

涅槃觉醒：传统企业逆袭的勇气与创新

这是一个富有机遇而又充满竞争的时代，互联网的浪潮冲击着传统的产业，让许多企业不得不面临前所未有的危机，企业如同人一般，也有着自己的起落与沉浮。面对市场环境带来的巨大挑战，不同的企业管理者做出了不同的应对方式，而这些应对方式也主导着企业或辉煌或没落。一些企业管理者选择抱怨，沉浸于自己的痛苦之中，还有一些企业管理者选择逃避现实、自我欺骗，但这些消极的应对措施显然对企业的未来发展没有任何正面的帮助，还会使企业陷入更糟糕的境地。只有那些敢于创新、勇敢面对困难的管理者，才能带领企业冲破困境，以顽强的姿态屹立于市场竞争之中，最终实现企业的逆袭。

互联网技术的发展让传统企业的商业模式面临着巨大的改变。传统企业过去主要依靠品牌实力和渠道优势来保持市场地位，而互联网的出现则让消费者变得更加信息化，随时随地都可以通过网络获取所需要的信息和商品。因此，传统企业想要赢得市场，则更加需要注重品牌塑造和口碑营销，建立良好的品牌形象和用户口碑。传统企业过去的生产方式多为手工制作，而如今的互联网技术可以让企业的生产、销售、物流等各个环节实现数字化、智能化、自动化，从而提高生产效率，降低成本，提高企业竞争力。再者，互联网技术的发展让传统企业的客户服务得到了全新的升级。互联网时代，消费者可以通过网络实时获取产品信息、评价、购买和售后服务，实现更加便捷、快速的消费体验。因此，传统企业需要更加注重客户服务，提高服务质量和效率，在互联网上建立良好的售前售后服务体系，与消费者建立更加紧密、互动性更高的合作关系。

虽然互联网浪潮来得波涛汹涌，但大多数的传统企业却未能跟上脚步，乘风破浪，反而在浪潮中受到了巨大的冲击。当一家企业在如今的时代中陷入低谷，该如何让它从中涅槃重生？

我们提起涅槃，往往会想到关于重生和超越的故事。然而在现实世界中，有许多企业也经历了涅槃式的重生。这些企业在面对市场竞争和外部环境变化时，经历了重整旗鼓的过程，最终也迎来了新的生机和希望。

这是一家传统企业转型、涅槃重生的故事，是一个坚强且有智慧的领导者勇敢决策和团队拼搏奋斗的历程。

G企业是一家经营生鲜产品的公司，位于经济发达的沿海城市，创始人王先生是当地鼎鼎有名的企业家。十几年前，王先生还是一个普普通通的水产品养殖者。他兢兢业业，潜心钻研养殖技术，养出的鱼虾等产品深受当地群众的喜爱。王先生也逐渐扩大了自己的养殖规模。经过十几年的发展，王先生已经成为当地最大的水产品供应商。这个城市的每一户人家几乎都吃过王先生家养出的鱼虾蟹等水产。G 企业的名气越来越大，当地政府甚至还把 G 企业当作标杆企业，提倡其他企业向 G 企业学习，当地人都觉得王先生的 G 企业发展得越来越好，企业创始人王先生却在这个时候找上了我。

与我想象中的一样，王先生的外表温文尔雅，看起来是一个极具亲和力的人，尽管他显得很自然，但还是眉宇间难掩一些疲惫之意，整个人有一些失魂落魄之感。见到我，王先生直言开口道："Marry 老师，我的生意出现了很大的问题，我感觉自己快要撑不下去了。"

"是什么问题呢？您是否愿意与我详细说说呢？"从业以来，我见过很多像王先生这样身处困境的企业家，而我要做的，就是倾听他们内心的故事，给到他们最准确的建议。

"或许你听说过我们 G 企业吧，在当地，我们是最大的水产生鲜企业。想我当年，只有一个小小的鱼塘，后来经过十几年的打拼才有了如今的这片天地。这些年来，我兢兢业业，对企业丝毫不敢怠慢，潜心钻研养殖技术，也引进了更多的水产种类，不断扩大养殖基地，生意越来越好。我本以为未来会是一帆风顺的，可是事与愿违。最近两年，我的生意突然开始走下坡路，水产的种类和产量都有提升，但是销量却一直在下滑，我不知道哪里出现了问题。我的水产品质一直都很高，我对这方面把控很严格，我一直有个理念，只有保证产品质量，才能抓住消费者的心，所以尽管我需要处理的事情越来越多，我也坚持亲自检测产品质量。可是，还是没能使销量变得更好，反而跟之前比下滑得厉害。"王先生满面愁容，讲述的语气有些激动，带着困惑和不甘。他叹了口气，继续说道："这或许是老天给我的报应，我不知道自己做了什么亏心事。这些年，我的企业有一些盈利，我每年都拿出一部分资金投入公益事业当中去，尽管现在我的企业生存很艰难，我没有辞退任何一个员工来减少开支，我自认为我没有做过什么伤天害理的事情，可是为什么老天对我这么不公呢？为什么看不到我做的这些呢？我想不明白自己为什么会落得今天这样的结果。"

说到这里，王先生仿佛内心一片混乱，也许是想起了这十几年创业的不容易，他的眼圈有些泛红。我大概能理解王先生此刻的心情，作为一个有良知的企业家，王先生对企业对社会都做出了很大的贡献，自己努力经营的企业最后却没有得到预想中的结果。这对一个中年人来说，是一个很大的打击。所以当务之急，是要找出 G 企业销量下降的根源，帮助王先生摆脱困境。

"您有没有静下心来认真分析过出现这种问题的原因呢？

或者有没有去跟员工沟通一下对目前水产养殖种类的建议呢？再者，您有没有花一些时间调查一下现如今外部市场环境的需求呢？"

我一连串的问题让王先生有些措手不及，他迟疑了一下说道："这几个问题我倒是没有想过，公司目前的决策都是我个人做的，包括养殖什么产品，养到什么标准可以投入市场，而且我养殖什么就销售什么，消费者就购买什么。近些年，我们一直都是这样做的。"

"那您有没有想过，是否是自己的企业管理思维出现了问题呢？如今时代互联网是很发达的，不是之前您创业前期的卖方市场了，现在更多的是买方市场。消费者的选择性有很多，对新鲜事物的追求度也很积极，所以一些司空见惯的东西可能会越来越失去其吸引力。作为企业家，我们需要的是了解消费者的需求，更多地去贴近消费者的消费习惯，去倾听消费者的反馈，这样才能对市场需求做出最准确的判断。还有一项，您的企业目前是您个人拥有最终决策权，所以您的员工无法参与到决策中来，您可能也无法获得更多的方案和建议，而对您个人来说，您的思维和接受新事物的程度可能会影响到您的行为决策，这些决策对企业的未来发展有着很重要的作用。您的焦虑、您的抱怨和感叹命运不公对您的企业没有任何帮助，相反，您的这些情绪会阻碍您正确的经营思维，也会影响到员工的情绪，从而导致整个企业都被低迷的氛围笼罩,这对您的企业影响是很大的。"

王先生似乎有些动容,他沉默着,似乎在认真思考我说的这些话。过了几分钟,他开口道"Marry老师,或者您说的是对的,可是我已经年纪大了,不像十几年前那样,思维敏捷、做事果断了,我现在要考虑很多东西,我的员工、我的家人,我投入的那么多成本,每次想到这些,我的脑子都很乱,我不知道究竟怎么做才是对的。"王先生又一次低下头去,苦恼的神色溢于言表。对现状的担忧和对未来的不确定性以及现实的压力,让这个中年男人思绪混乱,一时理不清思路。

我起身点燃了一炷香,让王先生放松下来,缓缓说道:"我非常理解您的想法,但是我今天想跟您聊一些不一样的。如果您愿意,不妨跟随我一起回忆过去,去看看您这一路走来的不容易。十几年前,您没有任何牵绊,只需要勇敢地向前冲就可以了,您可以很果断地去引进新的水产种类,想尽一切办法扩大养殖基地,潜心钻研养殖技术,不惜花费重金请教养殖专家,甚至为了让客户满意,亲自给顾客上门送货。正是有了您的这些努力,您的企业才会越做越好。如今您的企业有了很大的成就,但是您的企业发展思维却发生了改变,与之前相比,您似乎变得有些胆怯,您把这个归咎于年龄。可是王先生,在我看来,年龄完全不是阻碍您勇于创新的问题,您对产品的要求依旧很严格。可您在员工管理方面却有一些欠缺，企业需要的是不同的意见，需要的是头脑风暴，需要更多新鲜血液的注入，这是一个企业保持活力的根本。企业靠个人是无法发展和突破的，更多的是依靠团队一起向前进步。您作为领导者，更应该去主动带领员工创新思维，去找到更好的发展道路。您日常对员工好大家都记得，在现如今很艰难的情况下仍旧没有员工落井下石，不正是证明了这一点吗？我相信您可以带领您的团队寻找到突破口，会做得更好，您是一个有魄力的人，您一定可以再次创造辉煌的。"

说完这些，王先生双手捂住了脸，或者是想到了这些年的不易，或许是我说的这些触动了他，又或许是我对他的信心和鼓励使他又重拾了内心深处的力量。他抬起头，对我表示感谢，眼睛里对未来的道路似乎更清晰了一些。

半个月后，王先生再次找到我，告诉我他目前的境遇。回去之后，他认真思考了良久，觉得要按照我说的进行改革和创新。这对一家传统企业来说很艰难的，但是王先生丝毫没有退缩，他召集全体员工对企业目前的困境进行进言献策，听取了更多的意见；花费一些时间和资金对市场做了深入的调研，了解了消费者的需求；并且对领导层进行了重组和改革，进行了一定程度上的权利下放，自己则潜下心来思考企业未来的发展方向。最终，经过大家讨论，决定开辟线上销售渠道，为此招聘了专业的线上运营人员。从本地的社区团购做起，等渠道成熟之后，再进军短视频平台，依靠直播带货的方式，让更多的消费者了解 G 企业的产品，从而来拓宽销售渠道，实现业绩的增长。

王先生兴致勃勃地向我描述未来几年的发展规划，完全是不是当时那个带有些落魄神色的中年男人。他感谢我曾经对他的帮助，让他在濒临绝望的时候看到了新的光芒，如果没有当时我对他的激励、对他的肯定，他可能就一蹶不振了，也就没有 G 企业更美好的未来。我很欣慰，作为一个心理疗愈师，我又一次用自己的专业知识帮助了一个企业重新获得希望，我想这也许就是我这个专业存在的最大意义吧。

经过不懈的努力，G 企业已经成功摆脱了曾经的危机，又一次站在了市场的顶端，成了行业标杆。

这是一个传统企业涅槃重生的故事，G 企业通过创新和变革，重新掌握了市场的话语权，重塑了自己的企业形象和市场地位。这个故事告诉我们，无论是传统企业还是新兴企业，只要敢于创新、勇于改革，就一定能够在竞争中脱颖而出，实现自己的发展目标。就像正在发生涅槃重生的 G 企业一样，曾经是行业中的佼佼者，但是在市场变化的风浪中，他们遭遇了巨大的挑战，甚至濒临崩溃的边缘。他们曾经沉浸于悲痛之中，企业中的每一个人都感到绝望和失落。但他们没有放弃，在企业管理者的带领下,他们开始推行创新方案,通过议会和研讨会来鼓励员工们想出新的想法和不断进行改进。他们不仅开始重视客户的意见和建议,并且还积极探索市场上的机会。

这家企业的涅槃重生最终让他们成功了逆袭,并且重新成了市场上的佼佼者。这个故事告诉我们,只要有勇气、韧性、创新以及信心,我们就可以在逆境中求生存。只要你坚持不懈地努力,你一定能够达到你的目标。

因此,我们需要学习和借鉴这个企业涅槃重生的故事,不断创新和自我挑战,不断超越自我,不断追求卓越。在这个竞争激烈的时代中,唯有不断变革和进步,才能保持自己在市场上的竞争力。

在经历了一段时间的低潮期之后,那家曾经骄傲地屹立于行业之巅的企业终于迎来了一个新的开始。

这个开始并不是因为什么大的机遇或是外力的推动,而是因为这家企业重新发现了自己的本质,重新认识了自己的内心。

这个过程可以说是一个涅槃,一个彻底的重生。从外部看,这个企业并没有发生太大的变化;但对于内部的人来说,每个人的心灵都已经经历了一次非常痛苦的洗礼。

首先,这家企业开始反思自己之前的所作所为,重新审视自己的价值观和文化。他们发现,过去的企业文化已经不能适应当下的市场环境,也不能满足员工对于价值的追求。所以,他们制订了新的企业文化，强调"以人为本"，提倡员工发挥自己的潜能，追求自我实现。

然后，这个企业开始注重员工的健康和幸福感。他们提供了更加舒适的工作环境和更加人性化的福利制度，同时还培养了一批优秀的心理辅导师，帮助员工化解内心的困扰和焦虑。

最后，这个企业开始倡导创新和创造力。他们鼓励员工在日常工作中多思考、多尝试新事物，并提供相应的奖励和支持，以激发他们的创造力和产出力。

这些变化的实施并不是一蹴而就的，也不是一帆风顺的。但是，这家企业的高层领导和员工们坚信，只有通过这样的内省和改变，才能够迎来企业长远的发展和生命的觉醒。

现在，这家企业已经华丽地蜕变了。他们重新找回了自己的价值和文化，表现出更加强大和有吸引力的企业形象。同时，员工们也更加有幸福感和成就感，为企业贡献出更加出色的表现。

重生的过程有勇气、有拼搏、有坚持、有信仰，真正的企业涅槃，不仅仅是业务形态的转变，更是一种对自己的不断反思和细微改变，是一种对未来的信心和对人性的热爱。我们相信，在这样的企业文化中培养出来的产品和服务，会更加人性化，这也是重生的新的意义。

理念阐述：

心灵疗愈之后的再次创业，内心有力量、有大愿，才能起死回生。

心灵疗愈是一种非常重要的过程，它可以帮助我们重新获得自我的力量，让我们能够更好地面对生活中的挑战和困难。尤其是在再次创业的过程中，它更是至关重要。

在创业的过程中，我们会遇到各种各样的问题。有些问题可能是技术性的，而有些问题则可能是心理上的。如果我们没有足够的内心力量来面对这些挑战，我们很可能会失败。这就是为什么心灵疗愈如此重要的原因。

心理疗愈可以通过许多不同的方法来实现。有些人可能会选择通过瑜伽或冥想来实现，而有些人则可能会选择通过与心理医生交流来实现。不论我们选择哪种方法，最重要的是我们能够重新与我们的内心连接起来，并重新获得力量和信念。

当我们重新获得了内心的力量之后，我们就可以用这些力量来面对我们的挑战。无论是遇到技术上的问题还是心理上的问题，我们都能够更好地应对。这样，我们就能够起死回生，重新开始我们的创业之路。

在这个过程中，我们要牢记一件事情：我们的内心是我们最强大的武器。如果我们能够重新获得内心的力量，我们就能够克服任何困难，实现我们的梦想。所以，让我们一起走向心灵疗愈的旅程吧，让我们重新获得内心的力量，展现我们的魅力！

落地方案：

1. 修心，找到本自具足强大的自己

修心是一种内在的自我提升，是追求灵性与内心平静的过程。修心的本质在于让自己找到内在的力量和自信，让自己变得更加强大，更加深刻地理解自己，找到自己独特的价值和意义。

每个人都有自己的才华和能力，只是有时候我们没有意识到自己的价值和潜力。在日常的工作中，我们往往忙于完成任务，忽略了自己的内心情感和需求，这样会导致我们的心境变得疲惫和难以平静。当我们开始修心的时候，我们需要找到自己的内在感受，了解自己的优点和不足，这样才能真正地找到本自具足强大的自己。

修心的方法很多，可以通过静心思考、冥想和练习身体的某些能力来实现。人类的身体和思想密不可分，身体状况的好坏与思维、情感和行为有着密切的关系。当我们的身体和思维保持健康和平衡时，我们就可以拥有一个更加深刻和清晰的理解和探索自我的内心世界。

　　修心是一个日复一日的过程，需要有坚定的决心和毅力。当我们开始修心的时候，我们会发现自己的内心变得越来越平和，也更加清醒，我们会拥有更加自信和强大的内在力量。在修心的过程中，我们发现自己的内心和外部环境之间存在着深刻的联系，这让我们更加深刻地理解自己和周围的世界。

　　在修心的过程中，我们必须要有信心和勇气。当我们开始更加了解自己的时候，我们会发现自己有许多长处，也有许多不足。我们需要充满信心地面对自己的不足，并寻找方法去改进和提升自己。我们需要有勇气去面对困难和挑战，并用我们的内在力量和才智去克服它们。

　　修心是一个充满智慧和勇气的过程，只有通过这样的过程，我们才能真正找到本自具足强大的自己。让我们一起走在修心的路上吧，让我们在内心世界中寻找灵性和平静，找到真正属于自己的内在力量和价值。

　　2. 修行，语言和行为的修炼

　　修行是一个既古老又神秘的词汇，它一直被视为一种超越凡俗的生命境界，是心灵的一次重生。它不仅仅是传统宗教信徒所从事的活动，同时也适用于一般人们日常生活中的思想和行为修炼。修行就是通过自我反省和自我完善，提高个人的心智和道德境界，达到精神上的升华。

语言是人类交流的一种重要方式，但不当的语言也可能伤害他人。因此，语言修行就显得格外重要。尽管我们可能受到情绪的影响，但我们应该时刻保持语言的温和、真诚和尊重。一种有意识的语言修行可以帮助我们克服沮丧和不满情绪所造成的负面影响，同时也能够培养自我控制能力。

行为也是我们日常生活中影响他人和自己的另一重要因素。修行者应该时刻保持良好的行为习惯，避免那些能够伤害他人或者自己的行为。我们应该尽力避免暴力、欺骗、偷盗等违法行为，而将精神和行为放在积极和有益的事物上。

总而言之，修行就是修正自己的思想和言行。人们通过不断地自我反省和完善自身，提高个人的心智和道德修养，达到精神上的升华。这个过程需要不断地努力和自我控制，但它也会将我们的心灵从负面的影响中解脱出来。因此，每个人都应该有意识地进行语言和行为修行，并将这个过程作为生命中不可或缺的一部分。

3. 联结更多的人，影响更多的人生命觉醒，幸福绽放

联结是一种神奇而又伟大的力量，它能够穿透时空，跨越山川，让人类的心灵在它的翅膀下翱翔。无论是亲情、友情、爱情，还是人与自然的联结，都是生命的觉醒和成长的必由之路。

当人们联结在一起时，不仅能够共同承受生命的喜悦和痛

苦，更能够借助集体的力量，激发自己内在的潜能，实现自我价值的最大化。正如马丁·路德·金所说的"我有一场梦想"，这场梦想能够联结起更多的人，让人们共同为平等、自由、和平的社会而奋斗。

而人与自然的联结，则更加贴近生命的本质和意义。人类长期以来，都试图征服自然、超越自然，但是在这个过程中，我们也失去了很多宝贵的东西。直到近些年来，我们才开始重新意识到，自然是我们的朋友，而不是敌人。我们需要联结自然，去体验它的美好和神秘。那些在自然中旅行、探险的人们，总能找到灵魂的归属和觉醒。他们在山林中感受到的自由、平和、纯净，让他们重新审视人生的价值和意义。

所以联结更多的人、影响更多的人生命觉醒，幸福绽放是我们每个人追求的目标和责任。我们要有勇气去与他人联结、去拥抱自然、去超越自我。只有这样，我们才能在生命的旅途中寻找到真正的价值和意义。让我们用联结之力，让每个生命觉醒、幸福绽放。

经营好企业的核心，就是修心，修行

清单·notes

清单·notes

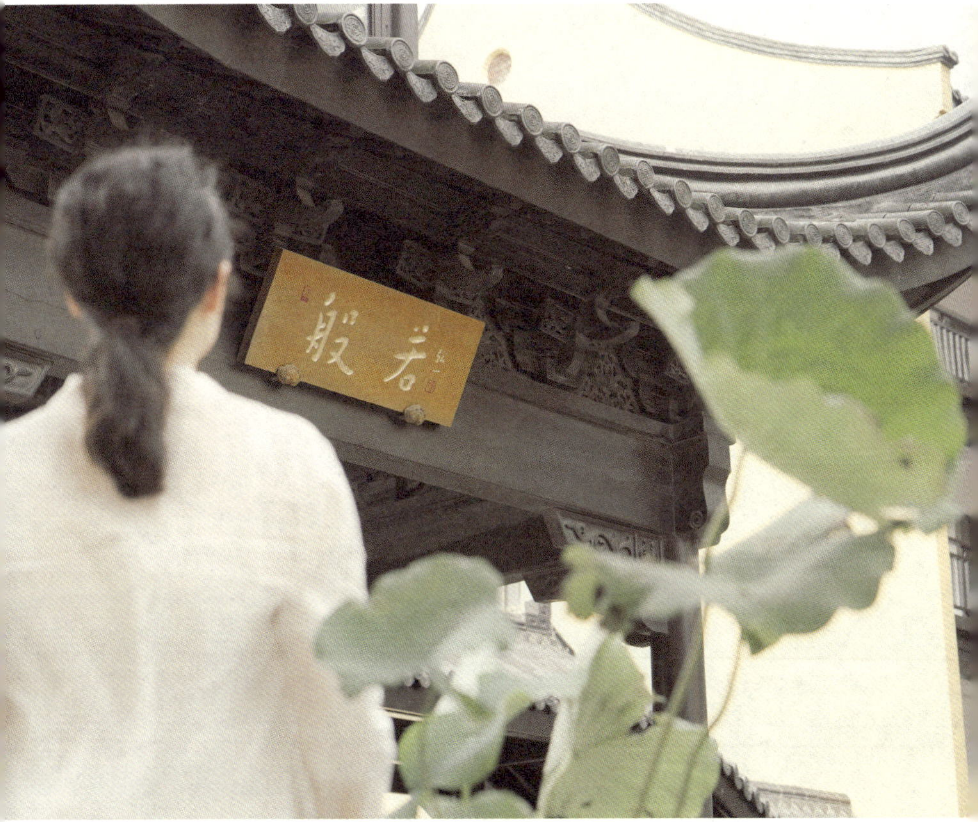

般若
弘一

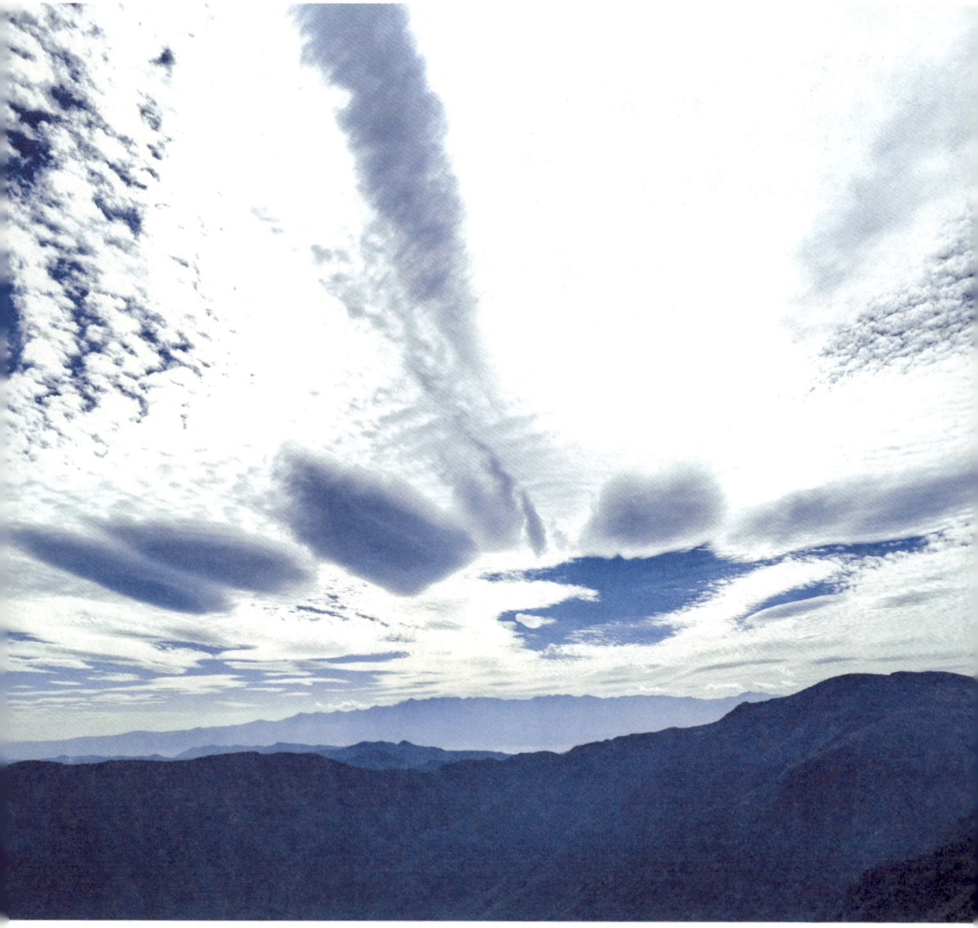

愿力越大，业力越小！

尾声
成长生命

生命的成长，感恩彼此的遇见

愿力越大，业力越小！

稻盛先生说过，人活着的意义，走的时候比来的时候，灵魂更纯净一点点。

而他老人家更是用他的一辈子践行了这句话，给我们留下了很多宇宙智慧和看不见的财富。

稻盛先生曾经说过他人生中的"六项精进"：

第一项付出不亚于任何人的努力。

努力专研，比谁都刻苦。而且锲而不舍，持续不断，精益求精。有闲工夫发牢骚，不如前进一步，哪怕只是一寸，努力向上提升。

第二项要谦虚，不要骄傲。

"谦受益"是中国古话，谦虚的心能唤来幸福，还能提升心性。骄傲招人讨厌，给人带来懈怠和失败。才能是上天所赐，将自己的才能用于为"公"是第一义，用于为"私"是第二义，这是谦虚这一美德的本质所在。

第三项吾日三省吾身。

每天检点自己的思想和行为，集中精神，直视自我，是不是自私自利，有没有卑怯的举止，将动摇的心镇定下来，真挚地反省，有错即改。

第四项活着，就要心怀感恩。

滴水之恩不忘相报。活着,就已经是幸福。"感谢之心"像地下水一样,滋润着我们道德观的根基。只要活着,就要感谢。

第五项积善行,思利他。

积善之家,必有余庆。与人为善,言行之间留意关爱别人。真正为对方好,才是大善。

第六项不要有感性的烦恼。

不要烦恼,不要焦躁,不要总是愤愤不平。人生本来就是波澜万丈,活着就会遭遇各种困难和挫折。决不能被它们击垮,决不能逃避,要直接面对,硬着头皮顶住,不忘初衷,努力做好该做的事。

为此,他更是在人生修行之路中进行自我提升与自我总结,从而得出人生成功方程式。我们每个人都渴望成功,但什么是成功呢?如何才能成功?很多人都有自己的想法,对待成功的定义也不同。稻盛先生站在人生的高度,结合实战的经验,深入浅出地将他一生成功的经验总结为一条人生方程式。人生和工作的结果 = 思维方式 × 热情 × 能力。也就是说,人生和工作的结果取决于思维方式、热情和能力这三个因素的乘积。稻盛先生说,我的能力只是普通的水平,我一生努力至今,我觉得我的人生结果都源于这个方程式。

代入方程式,算一算你的人生和事业的结果。首先我们简单介绍一下人生方程式的基本要义。我们看人生和工作的结果

=思维方式×热情×能力。那么能力,就是做事的技能,也可以用才能来表述。我们经常讲,你的才能要胜任你所在岗位的工作;热情,就是愿意为此付出不亚于任何人的努力;思维方式呢?日文里的思维方式是常用词,含义十分宽泛,造成现在在不同的场合分别把它解释为哲学、价值观、人生观、人格、信念、心、心态、愿望,等等。所以稻盛先生说,简而言之,可以用善念和恶念来表达,有正负之分。那么我们就清楚了,能帮助自己、他人和社会的就是善念;伤害自己、他人和社会的就是恶念。其中一个人的能力和热情分别可以从 0 分达到 100 分。思维方式有正负之分,是从负的 100 到正的 100。

当我们进入了成功的阶段,或许有人会问,我们成功了,我们是否就到了彼岸,答案自然是否定的。成功只是打开更高层次思维与世界的那把钥匙,在成功之后,我们才要真正地去悟。换言之,在成功之前,我们都在为真正打开"灵"与"悟"的轨道。只有当我们成功之后,我们的思想、我们的灵魂、我们的心灵才能与宇宙间巨大的能量进行近距离的接触。此时的我们要学会用"敬天爱人",而这也是稻盛先生在成功之后一直在做的事情,用"敬天爱人"的心,去对待一切,用"敬天爱人"的心去利他人,为社会奉献自我的力量。

而稻盛先生在开始意识到"心纯见真"的哲理时,在领导百余名部下进行生产销售活动中,又悟出了把部下的力量凝聚起来的"以心为本的经营"理念。

稻盛先生说:"在排除一切杂念,专注于一项研究的时候,我感到某种人生观在心里萌动,并以此为基础开始建立自己的哲学。我隐隐约约地意识到,这样的人生观或者说哲学是极其重要的东西。"特别是有能力、有贡献、有财富、有权力、有威望的人,一旦利令智昏,就无法对事情做出正确的判断,因而对集团乃至社会带来巨大的负面冲击。

其次"是非之心"就是人本来具备的良知。具体来说,就是人本来应该正直,不应该虚伪(应该谦虚,不应该傲慢;应该勤奋,不应该懒惰;应该知足,不应该贪婪等)。当我们将这些思维聚起来,就是"利他之心"而不是"利己之心",对面临的一切事情做出判断。

现代文明的本质是"人类欲望的无限解放"。科技进步、经济发展与人的精神道德的衰退,是这个时代一个巨大、深刻而尖锐的矛盾。不从正面解决这个矛盾,人类内心深处的涌动,往往是真我对迷失了的自己的呼唤,以至纯至善至美的"利他之心"来经营人生和企业,才是原点,这个原点既是起点也是终点。

只有"心纯才能见真",才能卸下经营者自己坚硬而充满恐惧、担心的外壳,和员工们的心完全在一起。这个外壳其实没有起到任何保护作用,反而会对自己和员工都有伤害。

为此一旦经营者自己在某些方面有些成就，从人性的弱点来说，往往容易骄傲放纵自己。王阳明先生曾说过"千恶万恶之根，乃一个傲字"。所以戒骄戒躁，一直保持纯净的、利他的、谦虚之心，才是人生和事业一直不败的哲学根基。同时，需要不断的努力精进、高度的专注，小心才能驶得万年船。

我一直把"作为人，何谓正确"放在第一位。对外，决不做虚假广告，不能做到的乱承诺。对内，没有把员工当员工，而是把大家当成一起奋斗的创业者。所有的大小目标都是大家一起制订，几乎所有账目都是公开透明的，除了员工的个人工资没有透明外。所以，每位伙伴都没有感到是在为我打工，而是清晰地知道在为自己工作，实现自己的人生价值。

从 2009 年开始，创业的第一年，开启了全面深入学习各种知识的大门，开启了深度探寻人性和人类社会发展的大门。我深深感到创业就是一场修行，人生就是一场修行，把家庭和事业都当成自己修行的道场，努力精进提升自己。在家，力求做一位温柔知书达礼的好妻子，做一位努力提升自己来影响孩子的好妈妈。在公司，付出不亚于任何人的努力工作，带领团队穿过一个又一个大风大浪，抵住了多重诱惑。

从 2009 年到现在学习精进提升自己的脚步从未停止过。2020 年从耶路撒冷回来，我深深地感受到科技快速发展与人的道德衰退的矛盾越来越尖锐的问题。在 2009—2021 年间，我拿到很多国内外，心理学、家庭教育、教练技术、NLP、高级催眠治疗师、高级时间线治疗师等证书。

在 2021 年，我毅然决然地全面投入身心灵的教育中，于 2022 年 3 月 4 日开启了线上公益分享，与胡洪军师兄一起创办"壹心家园"，一年零三个月的时间里已经共同分享了近 300 场。帮助了数千人走出了内心的黑暗和无助，不断地唤醒更多人，点亮人们的心灯。用生命影响生命，灵魂唤醒灵魂，向光而生，成为更好的自己。希望通过我们的努力，让这个世界能变得更美好一点点。我始终抱着心中的愿望：世界壹心，共创家园。感恩稻盛先生的大智慧，一直引领着我们走在阳光大道上。

生命之树从萌发到繁茂，需要经历无数风雨与阳光。在步入成长的道路上，我们无法预测将会遭遇什么样的挫折，却能把握每一刻的成长。正是这些磨难与机遇，让我们懂得了如何感恩遇见，如何在荆棘丛生的路途上不断前行。

成长不是终点，而是不断进化的开始。我们被赐予的生命之火，在岁月的轮回中不断燃烧，砥砺着我们的意志。每一次受到打击、每一次遇到挫折，我们都需要探索内心的力量。那是一种神秘的力量，可以让我们在困境里寻找自我，让我们在重重荆棘里拥有坚定的信念。

成长从来都没有捷径，但我们可以怀抱一颗感恩之心，让旅途变得更加美好。因为只有感恩，我们才能看到生命光辉的点点星光。感恩让我们对命运的捉弄更有耐心,让我们看到迎难而上的道路上,还有许多美好的事物值得我们追寻。

在时间的长河中,我们在茫茫人海中相遇。仿佛一场缘分将我们结缘在一起。随着时间的推移,我们共同经历了许多的生活琐事,分享了许多的人生感悟,一路相伴,彼此扶持。

我们相互理解、相互信任、彼此守望,一步一个脚印地向前迈进。在彼此的人生路上,我们走过了那么多曲折的道路,经历了那么多的风雨,但不论遭遇多大的困难,我们一路走来,心中始终怀着深深的感激之情。

每一次的遇见都是缘分的奇妙,每一次的相处都是情感的沉淀。我们是彼此的知己,我们是彼此的朋友,我们是彼此的伴侣,我们是彼此的亲人。在彼此的生命里,我们扮演着不同的角色,能够给予对方无限的温暖和希望。

每一次的相遇,都是一个新的起点。我们在这条人生路上相遇,不仅是为了相互扶持,还有更深层次的含义。彼此的存在,激励着对方成长和前行。我们在人生的征途上陪伴着对方,让彼此的路途不再孤单。

无论是哪种相遇,都可以在我们的内心点燃一片亮光。有时候,我们需要一个与我们心灵契合的伴侣;有时候,我们需要一位激励我们奋斗的好友;有时候,我们需要一个能够启发我们智慧的导师。无论哪种相遇,它们都孕育着我们成长的珍贵经验。

　　灰暗的城市里，孤独渐渐地侵袭着人们的心灵，可是，当我们抬头仰望天空，不禁感叹生命是如此美好。每个人的生命都像是一朵花儿，在阳光的照耀下，伸展出青春的勃勃生机，逐渐展开花瓣，倾情绽放。

　　然而，如同生活中的一切，生命的成长路上也充满了苦难和挫折。有时候，我们会陷入黑暗的谷底，感到迷茫和无助；有时候，我们会遭遇冷暴力、歧视甚至失去爱人。可是，这些似乎是上天赋予人们最好的礼物，就如同风雨过后的彩虹，它被献给在漂泊中的人们，让他们重拾生命的希望。

　　而生命中最美妙的经历莫过于遇见那些陪伴我们走过人生的人。他们或许是我们的亲人、伴侣、朋友，或许我们只是在他们身边短暂停留过，但每一段经历都烙印在我们的心中，成为我们成长路上的记忆。

　　我们需要有人生的指引，引领我们走出阴霾，走向光明；我们需要心灵的洗涤，将曾经的困惑和不安洗清；我们需要敞开怀抱，感恩生命中出现的每一个人，甚至是那些曾经伤害过我们的人。因为只有忘记曾经的伤害，我们才能真正释放自己，迎来美好的明天。

　　生命如同一条河流，在它的流淌中，我们学会了成长，学会了坚强，学会了拥抱生命中的一切；我们在河流中搏击，经历挫折和成功，也许，我们曾经走过曲折的路径，但现在我们已经变得更加成熟，更加深刻地理解自己。

岁月静好，即便我们已经迈过青春的门槛，但只要我们仍然拥有一颗向往生命的心，我们的生命仍将充满希望和美好。因为我们深深相信，人生就如同美丽的花朵，在阳光的照耀下，永不凋零。

感恩彼此的遇见，感恩彼此的陪伴，让我们彼此的人生更加充实、更加有意义。我们相互的支持和鼓励，让我们的生活更加美好。无论何时何地，我们都能向光而生，成为家庭、家族、公司、社会的太阳。

是的，让我们一起"成为太阳"！

致谢
感恩遇见

一切都是最好的安排

一、与6Q家庭教育的创始人刘中良老师的故事

自从 2009 年开启学习心理学之路，就从未停止过学习和实践。不断探索自己的同时帮助人们走出心中阴霾，已经近 15 年了。

感恩在 2021 年 8 月 18 日，6Q 家庭教育开启了我向内更

深层次的学习和修炼。

在上海第一次上高 EQ 智慧父母一阶的课程,被刘中良老师很普通的湖南普通话震撼住了。

幽默又引发人深思,把心理学的知识运用得淋漓尽致,活灵活现,真心佩服。

内心最震撼我的一件事情,在寒假做领袖营助教的时候,被领袖营的"总部领导"使唤来使唤去,也心甘情愿,没想到把我当大学生一样对待,说话还那么不尊重人。怎么着我也是一位校长和学校创始人,如此无理的说话,很伤自尊心。

于是气到嗓子发炎到不停地咳嗽,很生气地找到百般繁忙的刘老师说事儿。刘老师竟然几句话就把我说好了。也启发了我管理的更高维度。

"周虹啊,你咳嗽得厉害,应该是有话要说,堵在喉咙里一直没说出来,是吧。"我顿时就被理解了。

"你可以说你的感受,同时请不要讲具体的人和事件。因为你讲完,我一定会对这个人有看法,避免有信息不完整的片面看法。你还是只讲你的感受就好。我很愿意倾听。"

"了解你的感受。你觉得需要我陪你把他们叫过来一起面对面坐下来解决,还是你自己找他们直接沟通解决呢?""我自己来解决。"

"哎，对了。相信你可以自己独立解决的，不需要我来帮助。"

至今想起来，都被刘老师的大智慧所震撼。原来高情商解决任何问题都是小问题，都可以如此快速、圆满地解决。真是上了一场充满积极能量、大智慧的实践课程。

二、与CCF中国教练联盟副主席陈序老师的遇见

在 2019 年 6 月 4 日端午节那天,从上海飞到北京专门去学习教练技术,结识了陈序老师。很多年的各种节日都是在外面学习中度过,没有和家人一起度过。内心深深的禁锢和痛苦驱使着我不断学习和突破。

那年年初遇到的挑战,还是和自己的团队无法融合起来,无法走进人的内心。员工和老板之间似乎是永远的隔阂与对立。

这是我非常不喜欢的生命状态，感觉自己无论怎么做都无法走进员工的内心，有种深深的无力感，这种感觉缠绕了很久，很痛苦。

这种痛苦就是表面一张皮，内心是另一张皮，无法达到彼此真诚沟通用身心合一的状态。即使赚到钱也很不开心，没有一丝丝的幸福感。

直到遇见陈序老师的课，在课堂里我做了人格测试，自己是讨好型人格还没有消除掉。这个结果深深刺痛了内心，学习和践行心理学已经10年，还是被过去的经历深深地禁锢着。

这次在教练技术课上，再次看见和内观到自己的思维模型。不断地用启发式的自我对话，越来越看明白自己的潜意识模型。开始走出自己的思维牢笼，也知道了如何用对方接受和舒服的方式打开自己的内心，与之交流。

之前带领团队，总是把"猴子"放在自己的肩膀上，训练自己的能力和细节，总是不敢放手，团队的伙伴很难得到锻炼。自从学习完陈序老师的教练技术，明白了把"猴子"放在团队伙伴的肩膀上，委以重任和信任。这其实就是对人的尊重和认可，也是助力团队伙伴快速成长的好方法。伙伴们在我这里有满满的成就感，收入也增加了，一切都变得越来越喜悦。

陈序老师的课程中从头到尾，都是爱意满满，真诚顺利自然，给到每位学员充分的尊重和适度的自由，内心愿意主动舒服地敞开，这也震撼到我。原来霸道、严苛的自己，把员工搞得真心难受，深深自我反省，回到上海就改变自己的一贯作风。

团队伙伴们的能量越来越强大，成就、幸福、喜悦感飙升。正因为有了这样的基础，我们公司坚挺地努力活了下来。

感恩此生遇见如此大智慧的陈序老师，感恩教练技术的魅力，带我走出禁锢、痛苦、迷茫、无助的思维牢笼。

三、感恩遇见蒲公英时光优雅女子学堂创始人孙卫莲老师

《新·优雅仪态》绽放班 25 期 广东广州站

  2021 年 12 月，在上海嘉定的孔子学堂，第一次学习优雅仪态精华班，两天的课程，让我对自己的体型有了重新的认识。胖到看不到脖子，脸型是下面大，上面小，典型一枚十足的胖子。

  在蒲公英时光优雅女子学堂，遇见陈玲老师，由于我太胖了，两个胳膊很难全部合拢到一起。用尽全身力气，甚至出了很多汗也做不到，内心很沮丧也很难过。这时陈玲老师走到我身边，在我耳边悄悄地说："Marry，我明白，的确很难碰到。我原来 156 斤，现在 105 斤。Marry，加油，你可以减下来的！"

  顿时眼泪止不住地流下来，眼睛模糊了，满脸都是泪水。被看见被理解真的是无法抵抗的爱，似乎数十年的委屈，一涌而出。我成了班级里最认真练形体的学生之一。

  再后来过了几个月，学习 14 天的高级班，遇见创始人孙卫莲老师。也是让我感动到泪流满面。为卫莲老师的大愿感动，

致 谢 感恩遇见

为了中国的妈妈和女儿们，建立 1000 所女子学堂。

我和卫莲都对这首诗情有独钟。

"为天地立心，为生民立命，

为往圣继绝学，为万世开太平。"

每次读到这首诗，内心深处都会莫名的感动，就忍不住想哭，自己也不知道为什么。之前以为自己有"神经病"，后来发现卫莲老师也有这样深深的内心感动。于是第一次见面，就和卫莲老师手拉手面对面，说到这首诗泪流不止。似乎是隔了千年之后的相遇，彼此深深地看见对方的心灵。无比感动和喜悦，边哭边笑。至今想起来都还很感动。

在传承班的课上，创始人孙卫莲老师亲自上课，被卫莲的用心和严谨，更被卫莲外柔内刚的魅力所打动。一个弱小女子，竟然有如此大的愿力和行动力，蒲公英用不到 5 年时间发展到 400 多家女子学堂，让人惊叹。

中国女子从蒲公英时光优雅女子学堂走出来之后，从爷儿们的生命状态变为柔美优雅有内涵的高贵气息。这种高贵气息是灵魂高尚、生命富贵的人生美好状态。把女性本来就有的柔美优雅魅力，通过身体姿态的训练呈现出来。

源头不浊，江河自然清澈。

母亲是家族的源头，也是家族兴旺的原点，所以母亲的人格品质深深影响着下一代人，影响家族和国家的发展。

遇见

我相信，每个人都是带着天命而来的，卫莲老师的天命是助力天下所有的妈妈和姐妹拥有高贵的人格魅力。

我的天命是生命影响生命，灵魂唤醒灵魂，向光而生，成为更好的自己。总之，用落地的一句话："助力 1000 万人富而喜悦！"

其实大家都在朝着共同的大方向努力，不断学习，精进成长。

感恩遇见生命中正在经历苦难的每位姐妹，感恩正在蜕变的姐妹，让我看到了更多人生的疾苦，拥有了更多强大的愿力和行动力！感恩遇见！

四、爸爸妈妈给了我生命，王婷莹老师给了我慧命

如果说爸爸妈妈给了我生命，那么王婷莹老师给了我慧命。遇见婷莹老师简直就是三生有幸。在这里同时感恩胡洪军师兄多次反复地极力推荐我，来学习盖娅生命教育的课程。

2022年3月开启，盖娅生命教育课程遇见生命导师，容儿老师、茂朝老师、文蕙老师、大方老师，第一次上先知舞者·智

慧之旅就被震撼到一直流泪。不管是茂朝老师、容儿老师，还是文蕙老师，只要他们讲话我就会流泪。同时感恩祖晓老师，庆子老师等用生命在课上影响和指引我们

第一次看见婷莹老师，在 2022 年 7 月，幸福家庭课上，婷莹老师一出场伴随着《孔雀天使》的歌曲，眼泪就哗哗地不停流淌，止也止不住。就像经历了千年的沧海桑田，无数个历劫，穿越了无数生生死死，终于见面了。被婷莹老师慈悲的眼神、一颦一笑深深地打动和吸引。

60 岁的婷莹老师竟然可以活出 16 岁少女般的生命状态，活泼、喜悦、绽放、轻盈、丰盛、细腻、慈悲、高贵、优雅。可以有怒目金刚，活泼孩子，慈悲爱人，深沉智者的不同生命状态，并且切换自如，简直让人惊叹。这些生命状态和美好品质都深深吸引着我，非常想成为婷莹老师的样子。

在课程里，更是被婷莹老师的通透智慧所震撼，惊叹怎么可以有如此高维智慧的美丽灵魂，如此大智慧的思想。一年课程的磨砺中，感觉自己经历了千年，世事沧桑，人生中的各种角色，也许此生都不会体悟到的角色。

大部分环节都是极致地哭、极致地笑，外人看来一定会觉得这是一群神经病。只有在课程里的人才知道，这是潜意识深度的疗愈，以及打破自己被禁锢了数十年的沉重思维模型。其实这是一场改命的修行，通过修行来修心。

之前的我拘谨、自卑、胆小、敏感、害怕、无安全感、无价值感、容易失落和抑郁的自己。其实在 2022 年年初胖到 152 斤，人生胖到巅峰，是内在自我放弃的一种身体形态的外显。硬撑着经营下去，一切都自己扛着，还不能与外界沟通。心里之苦只有自己知道，伴随着内心的迷茫与无助，逐步自我放弃。所以导致胖到巅峰体重，比怀孕快生时还胖。

在婷莹老师的生命课程中，不断看见自己，释放压抑已久的悲伤情绪，儿时被遗弃的深深伤痛。其实面对外界的困难和压力并不可怕，可怕的是内心没有了力量，只能随波逐流，随风摆动。在千手心愿·幸福领袖的课程中，我迎回了自己，迎回那个本来就活泼、喜悦、绽放、轻盈、丰盛的自己，迎回本来就智慧、灵动，拥有多个面相的高维灵魂的美丽自己。

每次迎回自己的时候，都哭得泣不成声、浑身颤抖。其实世界从未遗弃过我，而是我遗弃了这个世界。看着自己内在生命不断觉醒，深深积压在我体内的情绪，在逐步释放的过程中，我的体重也在逐步下来。10 个月掉了 40 斤，所有见到我的人第一反应是不认识我，然后惊呼"天哪，你是 Marry 吗？你怎么这么瘦了？！"

是的，我是 Marry！是一个重生的周虹 Marry。我迎回了自己，欣赏自己，相信自己，更重要的是深深地爱上了自己，与自己的高维灵魂合一，每次课上的冥想让我感到无比感动、喜悦和幸福。每日静心冥想也成为我生命中像吃饭睡觉一样重要的事情。每天与自己的高维灵魂对话，彼此看见，何等的殊胜与法喜。

感恩亲爱的王婷莹娘亲，开启了我的慧命，让我迎回了本自具足的真我。不再向外求，而是回归自己的中心。学会了放下过往深深的伤痛，把伤痛化为慈悲的力量去帮助更多人生命觉醒、幸福绽放。

感恩亲爱的王婷莹妈妈，让我迎回自己，回归到我生命的中心，再次确认我的天赋使命和天赋才华，用生命影响生命，灵魂唤醒灵魂，引领人们"向光而生，成为更好的自己"！

感恩王婷莹妈咪，让我明白什么是"顺流自性"，一切都是最好的安排，顺流圆满的祝福一切的遇见和发生。臣服于生命的安排，努力完成生命安排的每一个任务，用心用爱的完成功课。生命自然轻盈顺流，自性圆满。

感恩此生美好的遇见，改变我生命的王婷莹恩师。

慧命已经开启，将会势不可挡地完成我的天命，积善行德，不再堕入轮回之苦。

大咖推荐

1. 蒲公英优雅仪态创始人孙卫莲老师

苏格拉底说:"每个人身上都有太阳,主要是如何让它发光。"

当我们心怀善意、心中有爱、眼里有光的时候,
当我们身心合一、内外明澈地活着的时候,
当我们敢于活出自己的优雅美丽、幸福丰盛的时候,
当我们相信这个世界会因为我的存在而变得更美好的时候,
我们就是太阳!

第一次在蒲公英时光见到周虹老师,我觉得她就是一个这样的女人:优雅、温暖而富有光芒!得悉周虹老师的新书成为太阳系列之一《此生为何而来》出版了,深深地祝福,愿她的思想智慧和身上如太阳般的能量滋养更多的有缘人!

愿我们每一个女人都活出自己喜欢的样子,绽放黄金般的

生命，像钻石一样闪耀，闪耀自己，照亮他人。

2. 上海泰优汇车融资董事长、上海盛和塾中部塾理事长郑裕枫

Marry 和我同在上海盛和塾学习稻盛经营学，以前听过她的发表，参加过她早上 6 点主持的公益群直播，知道这个美丽的姑娘来自美丽的内蒙古大草原，外表柔美，内心刚强，是成功的连续创业者。

成为太阳系列之一《此生为何而来》让我见识了 Marry 强大小宇宙的另一部分，这才知道她已经为上千人疗愈了心灵，这可是了不起的利他成就啊！虽然可能出于谦虚吧，以前从未听她说起，但细细想来，这和我印象中那个阳光、乐于助人并且时刻带给我们美丽笑容的 Marry，确实是同一个人，真实不虚！

相信读者将会通过本书中一个个鲜活的案例，了解更多的人生百态，同时也必定将随着故事中人一起，被 Marry 的阳光所温暖！

3. 上海渝利火锅创始人上海盛和塾东部塾理事长朱发顺

当 Marry 告诉我即将发行她的第二本书的时候，我心里顿时感觉十分惊讶，你怎么又要出书啦？这不才几个月前第一本

书刚出版了吗？这出品的速度也太快了吧。尽管是这样感叹着，赶快抓紧时间把新书作品连续阅读了两遍。这两遍书读下来，既感受到 Marry 流畅优美的文笔和语句表达，更是被书中一个个鲜活的案例故事深深地感动，热泪盈眶，还有就是被 Marry 动机之善、私心了无的利他精神震撼着。

我一直相信，每个人来到这个世上，都是有自己的使命，都是带着自己的使命来完成的，自从认识 Marry，就觉得她是一个十分真诚善良而有使命召唤的女人。有她的地方，总是被她热情的语言和爽朗的笑声感染着；有她在，朋友们总是感受到了温暖。我想这应该就是 Marry 太阳般的温暖。如果说有的人希望自己能活成一道光，能够照亮别人，而我们感受到的 Marry，她有这样一份大愿，就是能够成为温暖他人，给他人希望的太阳。

成为太阳，仿佛看到 Marry 的生命传记，Marry 不只是用文笔书写，更是感受到她心灵的述说。

祝福 Marry，成为自己的太阳，成为更多人的太阳。

4. 上海陈工电控科技总经理上海盛和塾西部塾理事长陈社东

第一次听 Marry 讲她自己的故事是三年前的一次课程上，那个时候我们是同学。听完后大家都哭了，Marry 自己也哭了。

第二次是听 Marry 的沟通课，我们被 Marry 老师的专业和用心所折服。Marry 老师带给我们不一样的人际沟通的分析和改善技能。读完《此生为何而来》这本书，真正感受到 Marry 已经不是我认识的 Marry 了。她已经寻找到了自己生命的真正意义，就是成为太阳给别人带去温暖。再讲自己童年的时候不再哭，而是把自己的经历化作了帮助他人的力量源泉。感谢你带给大家的光和热，祝愿 Marry 在帮助他人的路上不断提升自己的心性，把内在的美外化帮助影响更多的朋友。

5. 上海山奔工业仪电有限公司董事长林天义

读完周虹的新书《此生为何而来》的感受很多。所有的知识最多是个路标，而你沿着适合你的路标，打开了内心，连上了本有的智慧，拥有了启迪点亮他人的能力。

在照亮他人的过程中，初期不可避免用脑，用脑一定容易累。而用心，会越用越愉悦，一切自然流淌。太阳不会因为有人从树荫里走向阳光下而减少光亮。

一般的心理治疗师是给人精神按摩，按两下总有缓减，授人以鱼。而你在启迪智慧，引领向内看，给的是渔网。

感恩遇见，感恩有你。谢谢你愿意站出来，照亮这个世界。

6. 灵兮科技 CEO、上海盛和塾北部塾理事长李灵能

"幸福的人用童年治愈一生,不幸的人用一生治愈童年"。

我是在盛和塾认识乐观开朗、无限能量的 Marry,并且因为活动我见识了一个有行动力、有影响力的超级 Marry。

Marry 的不幸童年不仅成就了一个超级 Marry,而且她正在用她的成长方式去帮助曾经有与她类似经历的人,告诉他们她懂他们,她知道如何帮助他们走出困境,而她也正是这么做的。

书里的每一个人的人生转变,让 Marry 走向一个人类最伟大的职业——人生导师。

遇见 Marry,遇见"此生为何而活"。

7. 品牌杠杆研究院院长、复旦大学高管教育实战导师、得院文化传媒创始人喵院长

我记得刚认识 Marry 老师的时候,我的脑海就闪现出一个超级玛丽的形象,不仅是因为英文的 Marry 和玛丽同音,而是说,我觉得她就是女版超级玛丽奥来拯救世界的。你看:

当别人需要她的陪伴时,她就变成小小玛丽,来到你的身边,聆听你的故事,擦干你的眼泪,拥抱你的肩膀,告诉你,没关系,我在;

如果说诉说需要勇气,那么,聆听更需要胆量和慈悲;

而当你需要力量时，她又变成超大号的玛丽，帮你扫除眼前的障碍，帮你打掉心中的怪兽，把你从崩溃的深渊旁边拉回来，告诉你，没关系，我来；

而当你深陷囹圄时，她可以拉住你的手，用"个人品牌财创富营"的方式，带你跳起来、避开坑、开视野，从而破除心中的问号，让你明白，你本来就有很多财富，只是没有看到而已，随着谜团消失，又大又多的金钱自然向你涌来，挡都挡不住。

你看，她真的是超吉超丽，超吉玛丽！

翻开 Marry 老师的新书《此生为何而来》，她以娓娓道来的、充满画面感和疗愈的文字，为这个千疮百孔的世界带来一丝暖阳、万般希望，每当我感觉能量偏低时，我时常会想起 Marry 那温暖坚定的眼神，似乎在说，来吧，我可以给你能量！

感谢 Marry 老师舍身忘己的发心和大愿，祝她帮助 1000 万人觉醒的梦想早日实现，那会是家庭之幸、社会之幸、人类之幸呢。

8. 上海高朝文化品牌创办人、千训慈善基金会联合发起人、金话筒导师高容

在任何时候，当我们真的开始行动起来，去帮助别人的时候，就会忘记自己的痛苦，而在帮助别人的过程当中，我们也会发现很多的机会和自己的潜能存在，所以说助人遇见贵人。Marry 老师就是这样一位践行者、自渡渡人，让自己成为一道光，带众生成为太阳。

9. 上海电影艺术学院台词老师、影视演员、导演、主持人宋邦春

读好书、交好友，读周虹老师的《此生为何而来》感觉像和一位朋友在对话在交流，从中感受到朋友温暖的人生和智慧的生活 又感悟到生命的价值意义，在书中找到生命的光芒像太阳一样，照亮世界，温暖别人。

10. 国家科技成果转化专家、创业创新"发明人聚会"发起人、知识产权服务平台"权大师"合伙人陈庭

《此生为何而来》是一本充满智慧和力量的书籍，通过讲述主人公的成长历程，向我们展示了如何克服内心的恐惧，勇敢地追求自己的梦想。这本书不仅具有深刻的思想内涵，而且文笔优美，情节引人入胜。它不仅能够帮助我们更好地认识自己，还能激发我们内心的勇气和力量，让我们勇敢地追求自己的梦想。强烈推荐给所有渴望成长和改变的人。

11. 弘丹写作创始人、当当影响力作家、《精进写作》等5本书作家弘丹

每个人的内心都拥有无穷的智慧，痛苦即菩提，点亮自己内心的灯，照亮自己、照亮他人，我们都可以成为自己人生的

太阳。周虹在《此生为何而来》这本书里，分享了很多的生命故事，帮助了很多人，相信这本书也会带给你启发。

12. 畅销书作家、菁凌研习社创始人，其代表作《守住》等 7 本书作家李菁

十年来帮助 1000 多人，用心理疗愈走出心灵的绝望低谷，周虹用这本书《此生为何而来》告诉每一个心怀热爱的你，美好的明天将会到来。

它将引领你在黑暗中找回自信与勇气，重塑积极心态和目标追求，为你的心灵搭建一座希望的桥梁，成为你心灵的指南，帮助你超越困境，追求幸福人生。

人生漫漫，无论你正面对何种挑战，只要拥有这本书，你将由内而外地焕发出耀眼的光芒。

13. 超级商业个体、个人品牌商业顾问、企业私域流量营销顾问猪先生

看到 Marry 的新书《此生为何而来》出版，心中万分喜悦。回想和 Marry 相识的时间，在她的身上看到了绽放、疗愈和能量，想起第一次和她见面的真诚，还有在线下游学时展现出来的真诚和自由，都让我感受到她活成了自己的太阳，也让我们感到了喜悦和疗愈，Marry 是一个超级棒的舞者、创作者和影响者。

相信这本书会给更多读者带去希望、温暖和爱意,让更多人找到自己的太阳,照耀和点燃更多人。

14. 懂写作和摄影的个人故事编导至善叔叔

第一次线下见周虹老师,被她绽放的生命状态震撼,后来有幸有机会聆听她的生命故事,才发现她小小的躯体里,经历这么壮阔的生命故事,我终于明白,为什么她能写出这本生命之书。

这是一本生命之书,如果你也想活出自己,一定可以启发你。

15. 一字学堂创始人阿布老师

初见周虹老师是在猪先生的线下研学,她的真挚与绽放迷倒了一大批伙伴。后来邀请她和家人来我基地做客,这一家人爱的流动放松又温暖,其乐融融正是如阳光一般热烈、活泼又极具感染力! 靠近周虹老师,品读《此生为何而来》相信你的心也会被温暖,找到生命中最重要的答案。

16. 原深圳聚百洲控股有限公司总裁、自由撰稿人徐成东

惊叹于周虹老师的勇猛精进,因为这几年我看到的周虹老师,不是在课堂上就是线上直播,要么,就是在去课堂的路上。

把终身成长致力于一生追求的伟大事业，周虹老师本身就是这样成为太阳的一个人。

苏辙有一句名言："事出于正，则其成多，其败少。"因为周虹老师成长的出发点是帮助他人，所以这样正义的事业就是"则其成多"，由此也促进了她持续不断地成长和精进。

预祝周虹老师能在心灵成长的路上，帮助更多的有需之人走出困境，成为那个发光的太阳。

17. 旅行作家、个人&企业品牌商业顾问、生命智慧践行者朱玲

周虹是一个大大的太阳，非常温暖，她不仅活出了自己绽放的生命力，而且把能量带给了许许多多的人。这本书是她自我疗愈的成长史，也是她帮助他人的觉醒之旅，相信看到这本书的你，一定会有深深地共鸣，也会有巨大的收获。强烈推荐《此生为何而来》，你值得拥有！

学员推荐

1. 拥有十年教培运营经验，文旅项目运营经理阳冰

一切都是最好的安排，感谢遇见 Marry 老师，带着我学习智慧的课程，走出阴霾的天气……和 Marry 老师学习，是一次智慧之旅，也是一次心灵的治愈，一场生活的疗愈……让我更有力量去面对生活中的风雨……

感谢 Marry 老师用自己的光和热，照亮了我的人生，照见了我自己，让我去看见自身的许多优点，让我去觉知自己，觉悟生活……觉知觉察觉醒觉悟，说起来简单，做起来其实挺难的……

感恩遇见，感谢 Marry 老师。学习了 Marry 老师《金钱关系修炼营》和《个人品牌创富营》课程后，我的生活有了很大变化，尤其我看待事情的角度和态度，我开始接受生活中的很多不如意，开始尝试放下执念。我是一个很爱钻牛角尖的人，而且一旦进去，很难走出来……说白了，就是我执念太重，每个人都有自己的执念，执念太重太深，其实是无法向前移动的。而我们真正地放下也不是嘴上说说的，知道和做到的距离实在

是太远了……Marry 老师的《金钱关系修炼营》和《个人品牌创富营》的课程更多的不是讲知识，我们获取知识的方式方法有很多，而我们也都不缺知识，从知道到行动的距离，才是真正拉开我们人生的差距……Marry 老师将多年学习所得，结合自身经验经历，用自己的人生之路，给我们点灯，用自己满满的爱和智慧，照亮我们的人生道路……感谢 Marry 老师，自从跟着 Marry 老师学习，我的内心变得真正有力量了，开始释怀，原谅生活中一切不如意的人和事……

我们和金钱的关系其实是和身边人的关系，今年我跟着 Marry 老师学习，学习《金钱关系修炼营》和《个人品牌创富营》的课程，参加幸福密码的活动，参加盖娅先知舞者智慧之旅的课程，拜访各个寺庙，听师父讲课……这一年我真正接纳了我自己，接纳了我父母，没有完美的父母；这一年我原谅了曾经爱过并深深伤害过我的黑天使；这一年我也和我自己和解了，我开始看见自己，开始接纳自己，真正去爱自己……是的，曾经的我都是向外求，从来没有好好关注过自己，而一个连自己都不爱的人又如何去爱身边的人呢……

2023 年我的生活改变了很多，我的内心更有力量，真正开始看见世界。是的，你和自己的关系，其实也是和世界的关系，不是这个世界不接纳我们，而是我们封锁了和这个世界链接的通道，我心即世界，我心即宇宙……境由心生，境随心转……

感恩

一切仿佛没有变,一切好像又都变了,我的想法变了,对待自己和周遭的态度变了,周围环境也在慢慢变好,一切好像都在向好的方向发展……这也是课上 Marry 老师常说的吸引力法则,正念吸引正念,好的发心会有好的运势和结果……

是的,我们都要好好爱自己,好好吃饭,好好睡觉,好好工作,这也是佛家讲的修行。做好身边的每件小事,就是在修行,就是在种福田……

一切皆有因果,善念善心善缘善果。所以,好好地去看见自己,去爱自己,善良的对待身边的每一个人,传播正能量的种子。最近,我也学习和体悟到,善良的人也要更智慧,更要保护好自己,把善良善心给值得的人,学着去看见真相,去智慧的生活,用心去感受,去伪存真,更勇敢更智慧更坚强的去面对一切,做一个小太阳,温暖自己,照亮身边的人!

感恩一切的遇见!一切都是最好的安排!谢谢 Marry 老师亦师亦友般的陪伴,让我看到智慧处事的强大力量,让我感受到真正的友情,让我看见生活的美好,爱的美丽……谢谢 Marry 老师,我爱你!感恩!

2. 心理咨询师、高级中医经络调理师闫慧贞

我报了 Marry 导师的《金钱关系修炼营》的课程当天,就突破了一个心理卡点,几乎每天都会有突破,感到跟着她成长得特别快，所以我又报了 Marry 的《个人品牌创富营》，几乎每天都有收获，都有提高。

我现在由以前的向外求变得向内求了，时刻觉察自己的意识提高了，自信心价值感提高了。允许自己接纳自己，也允许别人接纳别人了。生活的快乐愉悦感明显增加，夫妻关系也和谐了。非常感恩感谢 Marry 导师的点拨指导，我要跟随她一起找到《此生为何而来》成为太阳，活出愉悦绽放的生命状态，照亮自己，照亮身边的人。

3. 上海无微布至网络科技有限公司副总经理、青少儿教育培训加盟连锁顾问林小聪 Heidi

感恩遇见，感恩 Marry 老师。

学习了 Marry 老师《金钱关系修炼营》和《个人品牌创富营》课程后，我的格局、梦想、思维及生命能量都得到了很大的提升，开始懂得站在高维看自己，也挖掘出自己身上的闪光点和内在能量。找到了自己的天赋使命：成为太阳，照亮他人，影响他人，把爱传播给更多的人。

在事业上，对未来要走的路更加清晰，不再迷茫和摇摆不定，从此可以向着目标笃定前行。

生活上遇到烦心事都会第一时间内观自己、察觉情绪，然后转念想一想，让"烦"变成"凡"。让自己不再被正在发生的烦心事困顿住，开始懂得用第三只眼——上帝视角看自己，不在痛苦的纠结中，消耗自己的生命。我们的生命可贵且有限，要在有限的生命里做能让自己成长且有意义的事。在生活和工作中我们要修心修行，让自己成为更好的自己，从而可以帮助更多的人成为更好的自己。

修行先修心，渡人先渡己。

心有阳光，处处春暖花开；心怀豁达，处处海阔天空。

人生最大的意义不在于超越某人或某事，而是要放下自己心中固有的偏见，摆脱曾经的狭隘和无知。《此生为何而来》这本新书定会成为读者们的心灵之旅，带给你们无尽的启示和感悟。在此预祝 Marry 老师新书大卖，让更多人收益！！

4. 乐美会创始人、生命美学蜕变导师修言

我是修言，内外兼修，大美无言。

目前是一位极简穿搭导师，能量音乐赋能教练，生命数字能量解读师，"乐美会"身心赋能成长平台创始人。之前在是一家上市公司工作了 20 年，做到企业中层管理者，同时作为两个孩子的妈妈，因为想要平衡孩子家庭和事业发展的关系，所以选择从职场出来，不断地找寻自己，做自己真正喜欢的事情。

在不断学习成长的过程，也遇到了很多贵人老师的帮助，与 Marry 老师是在今年 4 月澳门千人的会议上神奇相遇，便结下不解之缘，随后成为《金钱关系修炼营》《个人品牌创富营》学员。

通过 Marry 老师给我做了一对一的金钱卡点咨询，还有一对一的个人 IP 定位梳理，并且跟了两期金钱关系修炼营的课程，做了一期助教，同时也在上《个人品牌创富营》的课程，在整个过程中，我本人有了很大的变化。

首先是我的内在力量越来越强，原来看是外边挺刚强挺能干的感觉，但是内心是极度的不自信，所以外在展示出来的是，特别希望呈现做得好的地方，得到别人的认可，靠外在获取自己的价值感和成就感。学习之后，学会了老师交给我们的修觉，自己的觉知越来越强，遇到问题的时候不是先抱怨，找到外部的原因，而是先反观自己，看看自己有哪些地方做得不对，学会闻过则喜。

另外一点变化比较大的就是，我对财富有了全新认识，知道了要提升自己的修为，要有一颗纯正的发心，最终的财富应该是追着我们而来，而不是我们追着财富跑，有个这个底层逻辑的调整，我开始花更多时间提升自己的专业技能，也花更多时间进行冥想、能量音乐实修、国学经典的诵读，打开自己的高维智慧。在学习期间，我也将工作室从大连的一个周边位置换到了市中心星海广场的位置，整个人的能量提升后，你链接到的资源也不一样，个人的价值和财富也都有提升和彰显。

非常感谢 Marry 老师的课程在潜移默化中对我的影响，老师的那种创业拼搏精神也在时时刻刻地影响着我。8 月初在上海上了老师 1 天的私享会课程，线下的课程魔力更大，在上海几天和老师亲密接触的时光，更在老师身上学到了很多无价之宝。

感恩上天能让我在创业之初，遇见 Marry 老师，让我少走了很多弯路，直接和老师学习最落地、接地气的有结果有改变的内容，接下来我也会继续落地时修，并且担任《金钱关系修炼营》超吉助教的组长，也会带领超吉助教们，更好地配合老师为同修们服务，祝愿大家都能有收获和成长！

5. 陕西咸阳学员，蒲公英陕西联合创始人豆娟

我是一个"80 后"的中年女性，是两个女儿的妈妈，也是两段婚姻的失败者。我是在 2022 年 12 月在江苏形体仪态课堂上有缘结识了 Marry 老师的，首先要感恩我的小妹凤寅老师带我走进课堂，然后很幸运地去链接到了给我黑暗里的一道光的 Marry。当时我的个人状态很差，满脸忧愁，真的是一副苦瓜脸，我自己都讨厌的那种状态。自从今年 3 月的一天早上，我内心是崩溃到边缘，翻着手机想去咨询 Marry 心里问题，可又怕打扰和抹不开面子的时候，神奇的是 Marry 用微信给我发过来一段语音，邀请我来参加《金钱关系修炼营》。虽然我听得很含糊，

但我听到 Marry 的声音，我整个人绷不住了。我哭着给 Marry 说，太神奇我正想不知道给你怎么发消息说我的情况，你的微信就来了。Marry 说，她感觉我需要她，她就来了。

走进《金钱关系修炼营》我刚开始听课是蒙的，也听不懂。下课后就复盘反复听，从第三期课程到第七期结束，我个人状态越来越好，从最初的丰盛吸引丰盛，匮乏吸引匮乏，让我知道所有的一切都是因我而起，都是我吸引来的。到现在觉醒后知道了我是一切的源头，我好了我周围的一切都好了，让我懂得了如何去爱自己，感恩父母，放下化了妆的天使。以及看不见的决定看得见的，境由心生、物由心造，有了转念。

我创造我的人生，让自己变得更好是解决一切问题的核心。自我价值的核心是我爱我自己、我欣赏我自己、我接纳我自己，我相信我自己会越来越好。

感恩 Marry 老师让我觉醒让我重生。

6. 企业主、两个宝宝的妈妈 Nina

参与课程完全是被 Marry 的个人魅力所感染，Marry 就像是黑暗中的一道光，在人生中的暗黑时刻，让我看到了希望。在 Marry 的大爱下，让我找到了一度被丢失的自己，重新找到了本自具足的状态；在 Marry 的影响下，我也开始了"用生命影响生命、用灵魂唤醒灵魂"的践行之路。

把自己活出来，借由自己这道光，让更多的人看到自己、看到希望、看到人间值得的美好！感恩遇见！

7. 从教 14 年中学英语老师、5 岁男孩的妈妈孙静

感恩与 Marry 老师有机会在一次线下课相遇。然后在 Marry 老师的社群里，很幸运能跟着 Marry 老师、胡洪军老师和其他优秀的导师们学习，自己的能量和认知都有了很大提高。

后来 Marry 老师开办了《金钱关系修炼营》，我立马报名。这个训练营再一次提升了我的认知。作为老师，以前是羞于谈钱的。潜意识里我也认为钱多了会带来不好的事情。在训练营，我知道了金钱也是一种能量。我也学到了吸引力法则、种子法则，了解到有钱人的思维特点，看到自己身上的金钱卡点。我认识到，赚钱可以很轻松，你赚的钱越多，说明你帮助的人越多。Marry 老师带着我们行动起来，践行种福田，比如 21 天给父母发红包，还带着大家做 108 拜，做忏悔冥想、感恩冥想和咖啡冥想。

我的能量状态有了很大的提升。每天关注生活中的美好和幸福，向光而生，努力成为更好的自己。不知不觉，金钱也被我吸引而来，副业收入大幅增长。

说《金钱关系修炼营》可以改命，并不是夸张。只有亲身体会了，才能体会到它巨大的价值。《金钱关系修炼营》，此生

必上的训练营！

紧接着，我又报名了《个人品牌创富营》。Marry 老师说，再小的个体都有品牌，我们每个人都可以发展自己的个人品牌，这是必然趋势。愿每个人都能抓住时代的机遇，实现金钱和精神的双富足！

8. 上海肯道健康管理咨询有限公司创始人、资深健康营养健身专家吴志强

在遇到《金钱关系修炼营》之前，我的感受是如果再增加 10—20% 的收入将付出巨大的时间成本和精力，那将打破我现在的生活平衡，所以我放弃。

我是 Ken，大家都叫我 ken 教练，是一位从业 23 年的私人教练，在 2015 年创办了 Ken 道私人健康管理工作室，95 级临床医学专业毕业。

缘分所至认识了 Marry，参加了这个课程。我突然明白了金钱的获取是需要能量的，是需要更符合自己的方式和方法的，也明白了千金散尽还复来的道理——乐善好施其实也是聚集自己财运的上升通道！

课程也让我放得下以前放不下的念想——害羞！课程前，我总感觉赚钱尤其是赚自己亲朋好友的钱是一件"害羞"的事情，现在一能帮到他人，并能为自己创造财富的增长是一件双

赢的好事！何乐而不为呢？

感谢 Marry 的课程！最后说一句：金钱宝宝快到我怀里来吧。

9. 家庭教育导师余红梅

我是 2023 年 1 月初开始学金钱关系修炼营，在课程里知道 Marry 老师明天早上做忏悔冥想、感恩冥想和愿景冥想，我有早起的习惯，于是就跟着一起冥想，现在已经坚持了有大半年了。我惊奇地发现，我的生活中的一些变化正在悄悄地往我的愿景方向靠近。我一直在有经济压力，财富的增加，这 4 个月开始体验了，越来越多的朋友找我深度学习 6Q 的课程，长久不联系的老客户来找我谈代理、下大单。我现在对冥想越来越有感觉了，我决定，要把冥想一直做下去。第二个重要的改变，化解了花钱的卡点。以前花钱的时候，头上像带着一个紧箍咒，花钱花得心不甘情不愿，如果是碰到东西很贵的时候，我甚至会花得很生气，甚至对老板很有意见。现在花钱的时候，我感觉轻松多了。每次花钱的时候，我都会去想象金钱宝宝会很快回到我的怀抱来，心情很喜悦。花钱花得很喜悦，这对我很重要！我终于突破了一层枷锁！拿掉了花钱时头顶上的紧箍咒。

金钱关系修炼营，我会继续复训下去，实现自己的财务自由，帮助亲朋好友实现财务自由。

10. 铁岭市洪恩教育国学部部长、20 年一线语文教师刘宁

在学习 Marry 老师的课内心有很多感恩、喜悦、成长、美好！

有很多收获，生命的觉醒：看不见的决定看得见的。"笔的故事"告诉我们"境由心生、物由心造"！不断地学习提高自己的认知，有了正确的认知，才会有转念、觉察和觉醒。种善因结善果，现在的我每天种恩田、敬田和悲田，相信"念念不忘，必有回响"！

工作和生活兼得：为自己工作，就能做好"时间管理"。现在的我改掉了"暴饮暴食"的习惯，健康饮食"少而精"；养成了"早睡早起"的习惯。做到"高效"陪伴家人，"高效"处理工作。正在逐步做"情绪"的"主人"，而非"奴隶"，面对家人和合作伙伴拥有一颗感恩的心。现在的我，每天精力充沛，活力满满！

《金钱关系修炼营》让我在"做事"中修行自己：遇大事要"静"，遇难事要"变"，遇烂事要"离"，遇顺事要"敛"。以此，来修炼自己的见识、品格和修养。感恩 Marry 老师像太阳一样，不断的指引我"向光而生"；感恩生命中的"贵人"——

大姐，让我有机会遇见 Marry 老师，靠近"光"、接近"光"、成为"光"！

11. 资深英语教师白鹤

与 Marry 第一次相识是在腾讯会议里。我是一名培训机构的英语老师，因为经济萧条工作停滞，整日待在家里很是清闲，通过上级领导大姐的介绍，早起 6 点来到 Marry 的直播间听课。伴随醒来这首歌的歌声，看到 Marry 甜美的笑容，背景暖意洋洋的向日葵，给人一种舒服向上、向往阳光的状态。回忆起这个场景，可能就是 Marry 想出《此生为何而来》这本书的愿望吧。得偿所愿，不负时光。

与 Marry 的再续前缘是因学习了 Marry 的《金钱关系修炼营》的课程，起初以为是有关理财、金融方面的课，没想到根本和想象的不一样，甚至是大相径庭。这不是金钱关系修炼，这是与父母、家人、自己关系修炼的课，这是改变认知的课、改变命运的课。从来没有听过这样的课程，Marry 不是在讲知识技能，不是"术"的层面，而是不断地让我察觉自己认知自己，深找自己的意潜意识，内求自己，而不是外求他人。畅游在"道"的层面，精神的盛宴让我欲罢不能。

看不见的决定看得见的 95% 潜意识决定影响着我们 5% 表意识。改变命运，先改变思维。吸引力法则——我值得拥有一切美好的事物。发心要纯净，不忘初心。

作为职场的妈妈，鱼和熊掌可以兼得，这个认知给予我很大的力量。平衡工作与孩子，努力投资自己，做好自己榜样的力量教育孩子。Marry 的课有太多太多的认知精华与人生方向的指引，我觉得每个人都应该上这个课，梳理清理自己，心理的向上，阳光才能滋养我们日益匮乏的灵魂。

在这里祝 Marry 的书《此生为何而来》大卖。这本书多影响一个人，就多一个太阳。愿我们都成为太阳，温暖自己，照耀他人。

12. 来沪打拼多年的福建妹子、12 年经营购房贷款顾问、跑步里程 5500 公里范琳琳

我是一个在上海打拼了十多年的福建妹子，眼下是两个孩子的母亲。从事企业咨询服务行业，解决企业在经营中以及家庭在购房过程中的资金问题。跟 Marry 老师的结缘，与信任二字有关。

尽管时间很贵，精力有限。在良师益友兰兰学长的感召下，毫不犹豫地加入金钱关系修炼营，有幸成为第二期学员；在 2023 年 7 月 31 日参加了老师的线下部门私享会。收获颇丰！

真正的学习，是有下一步行动，且工作生活因此变得更好。简单分享我的三点收获：

第一近身学习，感受 Marry 老师的知行合一。老师告诉我们要修"觉"，带着觉知行走。7月31日的线下课程，刻意训练"发现美""感恩心"；同样课程里有体验"身心灵同在的小伙伴打666"，引导我们觉察当下。

平日里陪伴孩子的时候，我也是感受当下自己状态是否做到高质量陪伴，觉察自我。

第二看不见的决定我们看得见的身语意。意念的重要性！我值得拥有一切美好的事物；也是时刻觉察、感知自己的意念、信念；多祝福、少担心，真心发现生活变得更美好！

第三吸引力法则，想好的、说好的、做好的，结果一定是好的。出来工作这些年，真心发现，赚钱越来越容易。那是一种发自内心的感受，也是因为吸引了很多贵人。

感恩 Marry 老师分享的理念：观念，修念；修身，修心。

生命是一场修行，感恩一切美好的遇见。相信我们都会越来越好，一起成为太阳。跟老师一样，影响更多生命！

13. 个人成长教练、家庭教育、芳疗健康管理培训师王静怡

非常感恩 Marry 老师，跟着老师学习收获很多很多。

收获一，从躲避钱到爱上钱。

当发现嘴着叫着"要赚钱"的自己骨子里"害怕钱"时，

自己都觉不可思议。

关于这个发现，出自金钱关系修炼营中，关于"你有哪些金钱卡点"的选择项。我在金钱卡点里，发现虽然自己从小吃喝不愁，但爸妈教导"节俭"，无论买什么，都要评一评是不是"合算"，大多的结论就是"不合适"，导致我每次买东西带要小心翼翼，货比三家，一个字"累"。

但另一方面，买到不合适的物品，我又极少退换，总觉"价格不贵，或许以后用得上"。

后来，用了训练营里的方法，给自己准备了一个长夹，放上几张崭新的百元大钞，每天都会摸一摸它们；常给自己"想要的"奖励，比如甜口、书籍、喜欢的课；也开始经常给朋友们送礼物，分享自己遇到的美食好物。

审视"不该浪费的钱"，比如网购的不适合衣物，及时退货；时常整理家居，留下有用的，其他的分门别类，送朋友或募捐……

在过程中，越来越感受到金钱带给我的快乐与自由，也越来越敢正视事业中遇到的各种问题了，努力"赚钱"。

收获二，尊重金钱，尊重与金钱有关的一切。

最近的新发现是，开始关注到所有与"金钱"相关的事物。更珍惜时间。努力赚钱的过程中，不断提升自己的能力，提高个人价值，对"时间"变得更为珍视，专注自己的选择，做好规划，每天睡前审视自己一天的效率，让我每天的工作变得更为有效。

愿意交新朋友，珍视人际关系。无论在线下学习中，还是活动中，更多关注身边的人，主动链接老师和学友，既开拓了自己的视野，又能及时解决困惑，也得到更多支持和合作机会，事业路变得宽广。

更重视健康。过往我对自己很"狠"，比如想减肥就断食；做不完事就熬夜；白天精神不济又狂喝咖啡。现在一改"熬着最长的夜，吃着各种保健品"的陋习，有规律的工作和学习，调整饮食，定期运动。身形和精神状态越来越好，也带给我一份惊喜。

得知 Marry 导师的《此生为何而来》即将发行，特别感动，前阵听到一句话让我泪崩"你眼里我普通的样子，是我用尽全力活出来的"。

愿你我都能像 Marry 导师那样，找到自己的使命，活出自己，成为太阳，当生命绽放时，一起照见更多人。

14. 私域发售运营操盘手、视觉设计师刘十二

《超吉商业个体线下私享闭门会》是我第一次参与的沉浸体验活动。Marry 老师是一位相当有能量又亲和的人，她的活力

与正能量会随着活动的不断进行而加速传递给所有的人，活动中能看到组织成员们的用心与爱，贴心的小提示、周到行程的安排、满是芬芳的花束、暖心的饭菜与点心、温馨的现场布置、专属的订制相片……无不让人感受到爱的包裹，就像身边一直有暖心的太阳在指引一样。

我们以五人为一个家庭的形式互相认识、分享心声，成为彼此的支持和鼓励。过程不仅让我深刻感受到人与人之间的情感联系，更让我感动，一切开始的转变由"我"而开始才是美好的前提。

在与家庭成员的互动中，我听到了许多感人至深的故事和经历。这让我明白了每个人都有自己的奋斗和付出，我们之间的共鸣让彼此更加亲近。通过与他人的分享，我不仅学到了如何理解和倾听，也更加珍惜人与人之间的纽带。

音乐的力量在活动中得到了充分体现，我们随着音乐的节奏释放内心，与家庭成员一同分享喜悦和梦想。圆桌上的交流更是让我受益匪浅，大家坦诚地谈论感受，分享体验，彼此鼓励。这种开放和真诚的交流让我更珍惜与大家相处的时光，成为彼此的光，看到彼此的绽放而喜悦。

感恩相遇，也祝 Marry 老师成为太阳，助力 1000 万人，生命觉醒、幸福绽放，财富能量提升 10 倍的梦想早日成真。

15. 蒲公英优雅仪态陕西联合创始人、郴州莲韵雅心会所创始人吕凤寅

大家好，我是可以让你变健康变美丽变自信变幸福的凤寅，我是来自陕西的重庆人。

非常感谢 Marry 老师，生命成长的贵人，像太阳一样的人，带着慈悲和托起，给我温暖和爱。通过《金钱关系修炼营》打开我的认知，让泥潭的生命开始苏醒。通过盖娅的课程，净化了身心、放下过往、重塑生命、衔接了高维的智慧。通过两门课程学习，我的生命开始觉醒到重生，活出了全新的生命状态，我开始欣赏自己，也希望更多的姐妹在 Marry 老师的带领下活出丰盛的生命状态，成为一束光照亮更多需要的人。

16. "80 后"、两个孩子的妈妈、家庭教育践行者，2004 年大学毕业后来到广东清远，资深工程师王颖

从 2023 年 2 月份开始到现在，跟着 Marry 老师学习了 4 期的《金钱关系修炼营》。我发现当我有意识想去提升自己的时候，遇见的都是高能量的老师和同修们。感恩的同时也感叹吸引力法则的强大。

由于原生家庭的影响，越长大对周围的各种关系越敏感，即使表面的开朗也掩盖不了内心的不自信。体制内工作将近 20 年,让原本表面开朗的我逐渐变得负能量有点多,不会觉察觉知自己的情绪。而内在的匮乏又使我不断地向外求,感觉自己的情绪就像一个定时炸弹随时随地都有可能原地爆炸。自从跟着 Marry 老师学习后才知道,信心是被金钱撑大的,财富等于关系。前几年跟母亲的关系一度降到冰点,不愿提及。后来连着 21 天给父母发红包,不断地种恩田,使我跟母亲的关系慢慢缓和,感恩她带我来到这个世界、给我生命。

学了《金钱关系修炼营》,最大的收获就是懂得接纳自己,欣赏自己,看清自己内心真正想要什么,从而时刻内观自己达到真正的觉醒。随着每天早上跟 Marry 老师做正念冥想练习,平静、喜悦、幸福,感恩的生命状态由内而外不断散发出来。

我相信生命中的一切都是由我们吸引而来的。每天嘴角上扬,持续种下好的种子好的念头,相信我们每个人都能创造出更加美好的人生。

17. 公务员、两个孩子的妈妈刘萍

在学习周虹老师《金钱关系修炼营》,由浅入深、由表层现象到底层逻辑、由一节课到一整套全方位的身心灵的修炼教程,只要持续跟学,必潜移默化地渗透内心、唤醒自性、走上觉悟快车道!

跟学周老师以来，从一个稀里糊涂、自以为是同时还充满自我否定的低能状态逐渐被带入开始思考如何破除困局并勇于尝试践行的积极状态。而就在我非常努力却依然没有破题的焦灼情况下，我被老师带领继续觉察、继续大拜、继续冥想、继续读书、继续分享……因为被老师的线上系统课程带着做了大量的"修炼"（人生必修课），后来线下遇到了机缘逐个破题，从根本上改善了自己与父亲的关系，工作上被一再升职，也开始有了知心好友，生活各方面全新起航！

作为老师的学生，非常喜悦周老师马上出版《此生为何而来》，相信一定会帮到更多的人，找到内心的光和力量。

18. 十五年知名企业资深会计师、两个孩子的妈妈、家庭教育导师黄淑英

执笔之际，脑海里浮现着 2022 年来跟随 Marry 老师学习、链接的一幕幕——老师的智慧里带着慈悲，极致践行里带着灵动，她有趣、有料、有灵魂，犹如牡丹又如向日葵。每每想起，都会被老师的大爱和智慧感动得热泪盈眶。感恩、感动、笃定、幸福、喜悦常常涌上心头。

在 Marry 老师《金钱关系修炼营》《个人品牌创富营》获得重生的学员。

在此前的三十多年来，我一直感受不到生活的幸福和快乐，

常年处于忧愁、担心、操心、恐惧、自卑的心理状态中……

没跟随 Marry 老师学习前，我不知道我是谁，不知道为什么活着，不知道我的情绪从何而来又流向了哪里，我更不知道，我的每个行为情绪都带着浓浓的原生家庭给我的思维模式和认知局限。我延续着了父母的各种模式和习惯。我又不知道我的每一句话每一个表情，都将在孩子这张白纸上绘出多么阴暗的一笔。

结婚后无意识地在生活的点滴上时刻不断去控制老公、孩子，对他们有很多的指责、抱怨。3 年前，我三年级的儿子出现了偏差行为，在学校里每天洗湿衣服和书包回家，不愿意洗澡、担心雷雨声、不愿意和别人交朋友、用脚开水龙头……那时的我恐惧、焦虑和无助，我常常为此不能入眠，抱怨孩子的不听话，责怪老公不当的教导方式……家庭气氛紧张，全家人处于亚健康状态。随着时间的推移，我开始愈加不安，不断寻求各种解决问题的方法，到处找名师、心理医生、心理咨询师……我在各个相关平台报很多有关心理学、家庭教育的课程学习，希望通过学习理论知识、希望通过医生检查用药来治愈孩子的问题。但是越学习越焦虑，孩子的问题也丝毫没得到解决。

一次机缘，我有幸认识到 Marry 老师，并先后参与了《金钱关系修炼营》《个人品牌创富营》，才知道心法不通，技法无用，才知道一切问题的根源是自己，外面只是一种呈现。真正从身、脑、心，以及我我关系、夫妻关系、亲子关系发生了极大的正向变化。我感觉有缘从开始跟随老师修行，是我此生最大的福报。

老师用生命、智慧、经验设计的课程，每次都是用她满满的能量和高智慧，不断鼓励、潜能、激发我，拓宽了我的认知，提升我的能量和维度，让我一点点清除我的负面思维和潜意识，就像老师在我身上重装了一套全新的系统，我整个人清爽轻松了。

Marry 老师是我的贵人、恩人！她唤醒了我，让我向光而生，相信我值得拥有一切美好！老师让我漂泊了三十多年的灵魂找到了家，得到安住。俗话说，心安即是归处。

老师的课程加上一对一金钱关系咨询，帮助我从全身打通"任督二脉"，消除了我的业障，再一点点给我增加力量。老师极致践行，带领我们种福田、做大拜、定时冥想，做到用生命影响生命，灵魂唤醒灵魂，让我达到了爱500分专注生活中的美好和幸福，活在当下，感受当下的美好。

如今的我，每天心生喜悦。原来如此简单：我好了，我的世界都好了。我滋养了家人，让他们随时能感受到我的爱。我和我先生的关系更好了，我们的工作越来越顺利了，我和我婆婆相处越来越融洽了。

父母相亲相爱是给予孩子最好的礼物。父母做到好好学习修，孩子才能天天向上善。现在儿子不但没有要求转校，学习状态越来越好，各科成绩都名列年级前几名。儿子刚去参加完一个夏令营，他在营地里积极举手回答问题、发表自己的观点。从各种行为看得出，他也变得轻松喜悦和绽放了。我真正感受到以往的那些苦难都是化了妆的礼物。

如今我相信：一切都是最好的安排，一切都是有助于我。

在老师的"个人定位"课程里，我找到了我的人生目标。我要成为一位有爱有智慧有能量的家庭教育指导师，来协助1000万家庭和睦、幸福、充满爱。我也愿成为别人的太阳，如老师那样温暖他人，引领乌云下的人向光而生，成为更好的自己。

如今我已经走在这条路上，用我的能量来影响身边的朋友、家人。有些朋友来向我倾诉苦恼，在我的开导和指引下，身边的同事和宝妈也一个个地意识到亲子关系、夫妻关系、我我关系的重要性，同时开始认识到一切的问题都是自己的问题。

最近我去外面上课，老同学问我："是有什么喜事吧？你现在状态很好，脸上总带着喜悦的微笑！"我说："是的，我醒来了，我重生了！"

感恩 Marry 老师，她的课程价值不是用钱可以衡量的。遇到的都是有福报之人，我们要好好抓住。

老师的《此生为何而来》这本书，也定会照亮世界的每一个角落，温暖大地，给予每个生命光与力量。

19. 终身学习者、两个优秀孩子的妈妈鲁莲

很幸运参加了两次"吸金体质闭门会"，每一次都有很大收获。第一次上课，还记得当时因为家里老人住院、送小孩子要去做志愿者，等我赶到会场的时候已经迟到了，本以为自己会很尴尬。Marry 老师和所有的同学都很包容，我的内心很感动，让我后面的每一个练习都能做到身心合一，整个会场让我安心又幸福。敞开心扉聊，我想做的、我能做的、我能改变的，灵魂的一次穿越，我看到温柔善良清透的子佳、腼腆真诚的陈庭师兄，一切都被爱包满欢喜。从上次 7 月 31 日参加完活动，这个月对于我来说是巨大的收获，每天能量满满，就算遇到头大的事情，下 1 秒转念成了一切都是最好的安排，也不会急急躁躁做事情了，心也平静下来了。孩子们评价是：妈妈最近温柔又可爱。那解读他们的意思就是温柔平静，我变得幽默搞笑了！孩子的变化也很大，女儿从 9 月 1 日开学自己做了 AB 学习计划，每天高质量地完成作业，考试卷子都是优秀，每天默写优秀，剩下的时间她自己安排做运动和阅读中英文杂志，晚上 9:30 睡觉了。我也为孩子们的变化而感到高兴。以前先生很反感跟 Marry 老师学习，后来每次看我上课，他也坐在旁边听，之后他什么也不说了，态度有了变化，每天出门前抱我亲下——

18 年来先生第一次做出改变，原来我一直以为他是个木头，无论怎么跟他交流，他都听不进去。这大概就是 Marry 讲的我们创造了自己的生活，也创造了我们的未来！特别感恩，导师让我们的生命都得到了绽放！

前几天 Marry 发出海报，9 月 12 日闭门会我毫不犹豫地报名了，太喜欢，充能量充电，这一次也很幸运，加入了助教工作。我们助教蒙上眼睛，最后一批被温柔的小手牵进会场，康康把能量水喷出，感受到温暖，安心欢喜，能量、爱、泪水在脸颊上静静地流淌，多年的心结也在泪水中慢慢地流下来，尽管自己不是个聪明的人，但我用自己的方式在努力前行着，感恩自己没有放弃！多幸运遇见 Marry 老师的传授之道！

接下来我把这两个月的能量在心里慢慢流动，好好爱自己、好好吃饭、好好睡觉、好好修行。

感恩 Marry 老师一路的引领。相信《此生为何而来》会给你带去无尽的能量，活出自己。

20. 个人品牌创业教练、文案写作教练柴子佳

参加了 Marry 老师的线下《超吉个体私享闭门会》感受到真正享受当下度过的每一天！

Marry 老师的闭门会，毫不夸张地说，是我最享受当下的一天……

Marry 老师的带领充满大智慧，你知道吗？当我们把"欣赏"和"感恩"当作习惯，世界大不一样！

当你带着"欣赏"和"感恩"的觉知看待世界，会放下对特定人事物的执着，万事万物都在给你力量……会真正地享受当下，昨天中午，我吃了最好吃的一顿饭。

现场的伙伴们，都是想再见又见的人。

感恩朱玲老师的邀请，感恩 Marry 老师的带领，超吉商业个体线下闭门会，值得每个人体验一次！

21. 二十五年连锁幼儿园资深园长、培训机构校长及创始人唐敏

"醒来"一首熟悉的曲目，每天清晨六点把我们唤醒，我们一群人（自家老师）三四十人共同在线上，一起享受着 Marry 老师带来的精神大餐，从认识到熟悉到成为朋友。

人家说看人，要看她的爱人与孩子，才能真正了解一个人与她家三口人的接触！让我知道了，什么叫一人修行全家幸福！丈夫脸上的笑容和孩子的自信，给我留下了深刻的印象！

Marry 的真诚无私和大爱、令我感动的公益的分享让我的家人和周围的朋友得到了很大的帮助。她对真善美的追求和对自己的自律也是我的榜样。和她认识是我最大的幸运！相信她会越来越好，真心地祝福！

Marry 给我带来更多的是引领到了一个维度，让我看到了纯粹，和真善美，内外一致的人！

让我懂了无形决定有形，看见即觉察的力量，但还需悟！

让我遇见了更多同频的人，开阔了视野，因认识你而骄傲！

相信《此生为何而来》，帮你遇见一个更高维度智慧的自己，非常推荐值得好好读的一本生命之好书。

22. 传世康喜品牌创始人、李氏禅医开创人、中医医械标准制定专家李叶康

跟着 Marry 老师学习了《金钱关系修炼营》和《个人品牌创富营》才发现对于金钱也是有卡点的，而且还有那么多。感恩财富营课程让康康认知与认识到这一点了。

原来个人的能量与财富的能量是画等号的，向 Marry 老师学习，让跟随自己的能量也爆棚。

相信 Marry 老师的新书《此生为何而来》可以点亮更多人的心灯。

23. 半好生活馆主理人，英国 WSET 认证品酒师，国际赛事评委、酒庄顾问，澳洲 AAA 芳疗师、调香师，厦大 MBA 上海校友会秘书长代媛 Doreen

学习了 Marry 老师《个人品牌创富营》的课程，只要按照

课程内容简单照做，真的是一个马上就可以创富的课程。

Marry 老师的课程不是很复杂，一点儿也没有假大空，传授的知识也通俗易懂，非常接地气。

总结成一句话，简单的事情重复做，重复做了就有收获。

跟 Marry 老师交流完卡点的问题，更加坚定了我做芳香疗法的决心。通过自然疗法的传播，帮助更多的妈妈解决家里的常见问题。

工作上比较具体的一点分享给大家，我对课程进行了分级：内容分级和费用分级，直接有效。现阶段在对社群进行分级，给不同的会员提供多元化的服务，满足会员的个性化需求。

我的一个收费的课程，通过学习完课程，进行定位调整，很快学费从 3000 元 涨到 4000 元。自己也没有想到，如此有效果。

预祝 Marry 老师新书《此生为何而来》，帮助更多人找到人生定位。

24. 高级家庭教育指导师、高级绘画疗愈师、一个研一女孩和高一男孩的妈妈肖秀娟

收到 Marry 老师的约稿联系时，我正在 6Q 系统的 SQ 课堂现场，非常喜悦，感觉时机刚刚好，这正是我需要总结一下自己在《金钱关系修炼营》中的阶段性成果的好时候。由于父

母虽然务农挣钱很辛苦，但是从未说赚钱难。一打工就做秘书、做同传口译，我的工资一直都比别人高。工作了 10 年就做全职太太。1996—2006 年在工作，赚钱比较容易，这 15 年都是先生赚钱我花钱，先生只管赚钱不管花钱。先生是有能力的人，他懂得要努力才能赚到钱。先生很精进，终身在学习，我们大学毕业后，他一直进步。所以我在金钱关系上是有卡点的：对赚钱没啥想法，反正钱有人赚，财政大权在握，从没为金钱发愁，觉得为别人做点事情谈钱很俗，既然是想帮助人，就要有公益心，收钱算啥呀？

2023 年 3 月 11 日 Marry 老师给我做了关于金钱卡点的咨询，一个小时的聆听加上咨询钱的文字问答，让我对现有的金钱和理财观有了"前世今生"的认识，也拓展了自己的金钱观，"如果可以通过自己的价值输出给人帮助，那么收取恰当的费用是完全正当的行为。我们甚至可以在适当的时候再利用这笔金钱去做其他的公益事情都是可以的"。

为了巩固 Marry 老师的咨询效果，我采取了如下破除方法：给自己买了一个金黄色长钱包，培养好感觉。每次收钱时，对金钱宝宝说，谢谢你，我爱你，请到我的怀里来；每次付款时，对金钱宝宝说，谢谢你，帮助我……金钱感恩日记，感谢宇宙给我××钱，量化金钱同时，我也开始了自己的赚钱行动，在实战中突破卡点，将自利利他、输出价值赢得利益的观念打入骨子里。

我记得在 2023 年的 3 月 18 日，我第一次收费给一个朋友做了一场潜能开发。在 90 分钟内，我引导朋友从聚焦她的目标（建立一个外贸网站并投入使用），遇见她的愿景，看到她的使命，发现资源、觉察挑战、思索解决方法。看到朋友从一开始眉头紧锁，过程中的用心思考，到结束时的能量满满、笑容满面，真心为自己的付出感到开心。特别是看到朋友开开心心地支付了咨询费用时，不禁想为自己的突破鼓掌喝彩。自此以后，我开始了坦坦荡荡收费咨询服务的旅程。

Marry 老师以自己的生命状态影响着我们，当我明白了我具有多大的创造责任，我即拥有多大的自由！谢谢 Marry 老师，我爱您！

25. 世界 500 强公司管理者、爱学习追求心灵成长的学员建芳

非常感恩 Marry 老师，能够遇见智慧的 Marry 老师是我的福气和幸运。在 Marry 老师身上，我感受到的是无穷的力量和无私的大爱，如春天柔柔的微风、夏日清凉的冰激凌、秋日甜蜜的第一杯奶茶、冬日温暖的阳光……每每听到她甜美的声音和发自内心的喜悦的咯咯笑声，看到她脸上自然绽放的笑容，就能治愈我的内心，让我的内心宁静、和谐。Marry 老师就是太阳，就是光。她也指引我们成为自己的太阳，成为自己的光。

遇见

时刻问自己：作为人何谓正确？